DÉVELOPPEMENTS

SUR PLUSIEURS POINTS

DE LA THÉORIE

DES

PERTURBATIONS DES PLANÈTES,

PAR U.-J. LEVERRIER.

N° 2.

PARIS,

BACHELIER, IMPRIMEUR-LIBRAIRE

DE L'ÉCOLE POLYTECHNIQUE, DU BUREAU DES LONGITUDES, ETC.,

QUAI DES AUGUSTINS, N° 55.

1842

V

DÉVELOPPEMENTS

SUR PLUSIEURS POINTS

DE LA THÉORIE

DES

PERTURBATIONS DES PLANÈTES,

PAR U.-J. LE VERRIER.

N° 1.

PARIS,

BACHELIER, IMPRIMEUR-LIBRAIRE

DE L'ÉCOLE POLYTECHNIQUE, DU BUREAU DES LONGITUDES, ETC.,

QUAI DES AUGUSTINS, N° 55.

1841

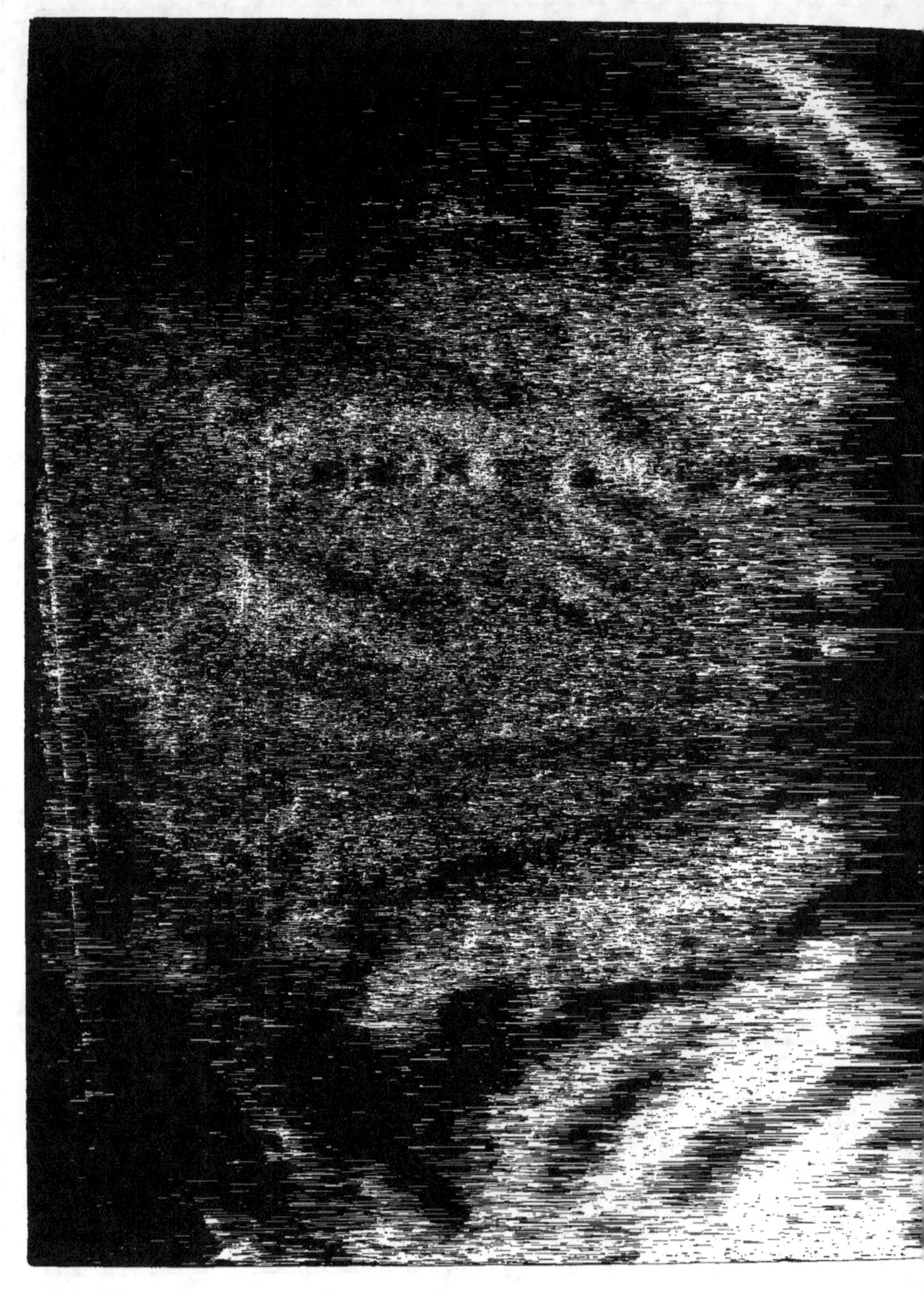

DÉVELOPPEMENTS

SUR PLUSIEURS POINTS

DE LA THÉORIE

DES

PERTURBATIONS DES PLANÈTES.

IMPRIMERIE BACHELIER,
rue du Jardinet, 12.

DÉVELOPPEMENTS

SUR PLUSIEURS POINTS

DE LA THÉORIE

DES

PERTURBATIONS DES PLANÈTES,

PAR U.-J. LE VERRIER.

PARIS,

BACHELIER, IMPRIMEUR-LIBRAIRE

DE L'ÉCOLE POLYTECHNIQUE, DU BUREAU DES LONGITUDES, ETC.,

QUAI DES AUGUSTINS, N° 55.

1841

DÉVELOPPEMENTS

DE LA THÉORIE

PERTURBATIONS DES PLANÈTES.

SUR L'INTERPOLATION,

APPLIQUÉE

AU CALCUL DES COEFFICIENTS

DU DÉVELOPPEMENT DE LA FONCTION PERTURBATRICE.

1. La détermination des inégalités périodiques et séculaires des planètes est ramenée, par la théorie de la variation des constantes arbitraires, à la recherche du développement de certaines expressions qui sont des fonctions du temps et des éléments des orbites. Ces fonctions se réduisent en séries procédant suivant les sinus et les cosinus des différents multiples des longitudes moyennes. Et lorsque les valeurs numériques des coefficients des principaux termes de ces séries ont été calculées, on parvient aisément à la connaissance des perturbations mêmes des planètes.

Pour obtenir un des coefficients en particulier, la *Mécanique céleste* suppose qu'on commence par former son expression analytique en fonction de la masse perturbatrice, des demi grands axes, des excentricités et des inclinaisons des orbites des deux planètes considérées, en fonction des longitudes de leurs périhélies et de leurs nœuds. Ce développement algébrique, qui repose tout entier sur l'emploi de la série de Taylor, n'offre d'autre difficulté que la longueur des calculs littéraux. Mais cette difficulté est immense. Ainsi, malgré tous les soins de Burckhardt, l'expression analytique qu'il détermina pour la partie

N° Iᵉʳ.

de la grande inégalité de Jupiter et de Saturne qui dépend des cinquièmes puissances des excentricités et des inclinaisons, se trouva contenir quelques inexactitudes. Ainsi M. Airy, pour obtenir l'expression de l'inégalité à longue période que Vénus introduit dans le moyen mouvement de la Terre, a-t-il dû entreprendre un travail des plus étendus; et d'autres géomètres, en partant des mêmes données que lui, n'ont pu retrouver rigoureusement les mêmes résultats. Cette inégalité n'est cependant que du cinquième ordre. A quels pénibles travaux ne serait-on donc pas entraîné par la méthode des développements algébriques, si l'on reconnaissait qu'il est nécessaire d'avoir égard, dans quelques théories, à des inégalités d'un ordre plus élevé?

On pourrait, il est vrai, atteindre jusqu'au septième ordre, au moyen du travail que M. Binet a présenté en 1812 à l'Académie des Sciences, et dans lequel il fit connaître l'erreur qui s'était glissée dans la partie de la grande inégalité de Jupiter qui dépend du cinquième ordre. Mais à l'étendue de ce travail, on juge aisément que tout espoir de pousser plus loin les approximations par cette voie doit être perdu.

2. L'interpolation paraît donc seule susceptible de fournir les coefficients correspondants à des multiples élevés des longitudes moyennes. Les calculs sont encore assurément très-longs; mais ils ne sont pas impraticables comme ceux qui résultent des développements algébriques. La fonction perturbatrice dépend des longitudes moyennes de la planète troublante et de la planète troublée; et ces deux longitudes, dans le développement de la fonction, peuvent être considérées comme des variables indépendantes. En attribuant à ces variables des valeurs particulières, on obtient des valeurs numériques de la fonction perturbatrice; un nombre limité d'entre elles sert à la détermination d'un pareil nombre des coefficients du développement effectué suivant les lignes trigonométriques des multiples des longitudes moyennes.

On peut employer, suivant les formules les plus répandues, toutes les valeurs numériques de la fonction correspondantes à des longitudes moyennes équidistantes entre elles d'un arc diviseur exact de la circonférence. Mais cette marche est sujette à un inconvénient qu'on ne peut pas toujours éviter avec facilité. Si l'on sait, en effet, pour un nombre donné de valeurs de la fonction perturbatrice, quel est le rang du premier terme qu'on considère comme négligeable, souvent rien n'indique si ce terme est effectivement assez petit pour qu'il soit possible de n'en pas tenir compte sans altérer le degré d'exactitude qu'il importe d'obtenir. Et si l'on vient à s'apercevoir, après avoir effectué la majeure partie des calculs, qu'on eût dû conserver seulement deux termes de plus, on est réduit ou bien à doubler immédiatement le nombre des valeurs numériques employées, ou bien à recommencer tout le travail, *ce qui offrira souvent moins d'inconvénients.*

Pour éviter ces difficultés, je propose l'emploi d'une méthode d'interpolation dans laquelle je satisfais à la condition suivante :

Ayant déjà exécuté les calculs nécessaires pour la détermination de n des coefficients, si l'on vient à reconnaître qu'on en doit conserver p autres, on peut le faire sans avoir en somme exécuté plus de calculs que si l'on avait eu égard, dès l'origine du travail, aux $(n + p)$ *coefficients.*

3. Désignons par R la fonction perturbatrice ; par l et l' les longitudes moyennes de la planète troublée et de la planète troublante, et posons

$$(1) \qquad \begin{cases} R = C + \Sigma \, (i, \, i') \sin (il + i'l') \\ \qquad + \Sigma \, [i, \, i'] \cos (il + i'l'), \end{cases}$$

C étant une constante. Les indices i et i' peuvent avoir toutes les valeurs entières positives et négatives depuis zéro jusqu'à l'infini. Mais il suffit aussi de donner à l'un d'eux, l'indice i, par exemple, des valeurs positives seulement. C'est ce que nous supposerons.

Laissons d'abord la longitude l' constante, et donnons successivement à la longitude l les valeurs équidistantes $0, \alpha, 2\alpha, 3\alpha, \ldots, p\alpha$, α *étant un arc qui ne divise pas exactement la circonférence.* Si, pour l'un de ces arcs $l = p\alpha$, nous attribuons successivement à l'indice i les valeurs $0, 1, 2, 3, \ldots, i$, la valeur numérique correspondante R_p de la fonction perturbatrice pourra s'écrire :

$$\begin{aligned} R_p = \; & C + \Sigma \, \{(0, \, i') \sin i'l' + [0, \, i'] \cos i'l'\} \\ & + \Sigma \, \{(1, \, i') \sin (p\alpha + i'l') + [1, \, i'] \cos (p\alpha + i'l')\} \\ & \cdots \cdots \cdots \cdots \cdots \cdots \cdots \cdots \cdots \\ & + \Sigma \, \{(i, \, i') \sin (ip\alpha + i'l') + [i, \, i'] \cos (ip\alpha + i'l')\}, \end{aligned}$$

le signe Σ n'ayant plus rapport qu'à l'indice i'. Et en développant les sinus et les cosinus, nous aurons :

$$(2) \quad \left\{ \begin{aligned}
R_p = {}& C + \Sigma \left\{ (o, i') \sin i'l' + [o, i'] \cos i'l' \right\} \\
& + \Sigma \left\{ (1, i') \cos i'l' - [1, i'] \sin i'l' \right\} \sin p\alpha \\
& + \Sigma \left\{ (1, i') \sin i'l' + [1, i'] \cos i'l' \right\} \cos p\alpha \\
& \cdots\cdots\cdots\cdots\cdots\cdots\cdots\cdots\cdots\cdots \\
& + \Sigma \left\{ (i, i') \cos i'l' - [i, i'] \sin i'l' \right\} \sin ip\alpha \\
& + \Sigma \left\{ (i, i') \sin i'l' + [i, i'] \cos i'l' \right\} \cos ip\alpha.
\end{aligned} \right.$$

En ne faisant varier que p dans cette expression, les quantités contenues sous les signes Σ restent constantes. Nous les désignerons plus simplement en posant

$$(3) \quad \left\{ \begin{aligned}
C + \Sigma \left\{ (o, i') \sin i'l' + [o, i'] \cos i'l' \right\} &= B_0, \\
\Sigma \left\{ (i, i') \cos i'l' - [i, i'] \sin i'l' \right\} &= A_i, \\
\Sigma \left\{ (i, i') \sin i'l' + [i, i'] \cos i'l' \right\} &= B_i,
\end{aligned} \right.$$

et en donnant successivement à p les valeurs 0, 1, 2, $\ldots$ jusqu'à $2i$, l'expression (2) nous fournira les relations suivantes :

$$(4) \quad \left\{ \begin{aligned}
& B_0 + B_1 + B_2 + \ldots + B_i = R_0, \\
& \left. \begin{aligned} & A_1 \sin \alpha + A_2 \sin 2\alpha + \ldots + A_i \sin i\alpha \\ +\, & B_0 + B_1 \cos \alpha + B_2 \cos 2\alpha + \ldots + B_i \cos i\alpha \end{aligned} \right\} = R_1, \\
& \left. \begin{aligned} & A_1 \sin 2\alpha + A_2 \sin 2.2\alpha + \ldots + A_i \sin i.2\alpha \\ +\, & B_0 + B_1 \cos 2\alpha + B_2 \cos 2.2\alpha + \ldots + B_i \cos i.2\alpha \end{aligned} \right\} = R_2, \\
& \cdots\cdots\cdots\cdots\cdots\cdots\cdots\cdots\cdots\cdots\cdots\cdots \\
& \left. \begin{aligned} & A_1 \sin 2i\alpha + A_2 \sin 2.2i\alpha + \ldots + A_i \sin i.2i\alpha \\ +\, & B_0 + B_1 \cos 2i\alpha + B_2 \cos 2.2i\alpha + \ldots + B_i \cos i.2i\alpha \end{aligned} \right\} = R_{2i},
\end{aligned} \right.$$

en tout $(2i + 1)$ équations pour calculer les $(2i + 1)$ constantes B_0, A_1, B_1, A_2, B_2, $\ldots$, jusqu'à A_{2i} et B_{2i}. Nous avons à résoudre ces équations.

4. Substituons des exponentielles aux lignes trigonométriques, et

posons pour simplifier

$$(5) \qquad\qquad e^{\alpha\sqrt{-1}} = x.$$

La seconde des équations (4), par exemple, en remarquant que

$$(6) \qquad \begin{cases} \cos z = \dfrac{e^{z\sqrt{-1}} + e^{-z\sqrt{-1}}}{2}, \\[2mm] \sin z = \dfrac{e^{z\sqrt{-1}} - e^{-z\sqrt{-1}}}{2\sqrt{-1}}, \end{cases}$$

deviendra

$$\left.\begin{aligned} 2B_0\sqrt{-1} + \left(B_1\sqrt{-1} + A_1\right)x^1 + \left(B_2\sqrt{-1} + A_2\right)x^2\ldots & \\ + \left(B_i\sqrt{-1} + A_i\right)x^i & \\ + \left(B_1\sqrt{-1} - A_1\right)x^{-1} + \left(B_2\sqrt{-1} - A_2\right)x^{-2}\ldots & \\ + \left(B_i\sqrt{-1} - A_i\right)x^{-i} & \end{aligned}\right\} = 2R_1\sqrt{-1}.$$

Cette équation, si nous faisons, pour plus de brièveté,

$$(7) \qquad\qquad \begin{cases} B_i\sqrt{-1} + A_i = a_i, \\ B_i\sqrt{-1} - A_i = b_i, \end{cases}$$

pourra s'écrire :

$$\left.\begin{aligned} 2B_0\sqrt{-1} + (a_1 x^1 + b_1 x^{-1}) + (a_2 x^2 + b_2 x^{-2})\ldots & \\ + (a_i x^i + b_i x^{-i}) & \end{aligned}\right\} = 2R_1\sqrt{-1},$$

et en traitant semblablement toutes les équations du système (4), elles deviendront :

$$(8)\begin{cases} 2B_0\sqrt{-1} + (a_1 \;\; + \;\; b_1) + (a_2 + b_2) \ldots + (a_i + b_i) = 2R_0\sqrt{-1}, \\[2mm] \left.\begin{aligned} 2B_0\sqrt{-1} + (a_1 x^1 + b_1 x^{-1}) + (a_2 x^2 + b_2 x^{-2}) + (a_3 x^3 + b_3 x^{-3})\ldots & \\ + (a_i x^i + b_i x^{-i}) & \end{aligned}\right\} = 2R_1\sqrt{-1}, \\[2mm] \left.\begin{aligned} 2B_0\sqrt{-1} + (a_1 x^2 + b_1 x^{-2}) + (a_2 x^{2\cdot2} + b_2 x^{-2\cdot2}) + (a_3 x^{3\cdot2} + b_3 x^{-3\cdot2})\ldots & \\ + (a_i x^{i\cdot2} + b_i x^{-i\cdot2}) & \end{aligned}\right\} = 2R_2\sqrt{-1}, \\[2mm] \left.\begin{aligned} 2B_0\sqrt{-1} + (a_1 x^3 + b_1 x^{-3}) + (a_2 x^{2\cdot3} + b_2 x^{-2\cdot3}) + (a_3 x^{3\cdot3} + b_3 x^{-3\cdot3})\ldots & \\ + (a_i x^{i\cdot3} + b_i x^{-i\cdot3}) & \end{aligned}\right\} = 2R_3\sqrt{-1}, \\[2mm] \ldots\ldots\ldots\ldots\ldots\ldots\ldots\ldots\ldots\ldots\ldots\ldots\ldots\ldots\ldots\ldots\ldots \\[2mm] \left.\begin{aligned} 2B_0\sqrt{-1} + (a_1 x^{2i} + b_1 x^{-2i}) + (a_2 x^{2\cdot2i} + b_2 x^{-2\cdot2i}) + (a_3 x^{3\cdot2i} + b_3 x^{-3\cdot2i})\ldots & \\ + (a_i x^{i\cdot2i} + b_i x^{-i\cdot2i}) & \end{aligned}\right\} = 2R_{2i}\sqrt{-1}. \end{cases}$$

N° Ier.

Lorsqu'au moyen de ces équations on aura déduit les valeurs de a_i et b_i, les équations (7) feront connaître les valeurs de A_i et de B_i.

5. Il est indispensable de commencer par l'élimination des quantités a, b, ..., qui ont l'indice le moins élevé. C'est ainsi qu'en arrivant à a_i et b_i, si leurs coefficients ne sont pas négligeables, on pourra pousser les calculs plus avant sans avoir à reprendre aucune des opérations qui précéderont; et en exécutant seulement celles qu'on aurait eues à faire, si dès l'origine on avait voulu tenir compte des indices plus élevés. Éliminons d'abord B_0, en retranchant de chaque équation celle qui la suit, et posons

$$(9) \quad \begin{cases} (R_0 \;-\; R_1) = (\mathrm{1})_1, \\ (R_1 \;-\; R_2) = (\mathrm{1})_2, \\ (R_2 \;-\; R_3) = (\mathrm{1})_3, \\ \cdots\cdots\cdots\cdots\cdots \\ (R_{2i-1} - R_{2i}) = (\mathrm{1})_{2i}, \end{cases}$$

l'indice dans la parenthèse des seconds membres étant le plus faible indice des quantités a et b dans les équations qui vont suivre, et l'indice hors de la parenthèse correspondant au rang des quantités (9) dans ces mêmes équations. Les équations (8) donneront

$$(10) \begin{cases} (a_1 \;-\; b_1 x^{-1})\,(1-x) + (a_2 - b_2 x^{-2})\,(1-x^2) \\ \quad + (a_3 - b_3 x^{-3})\,(1-x^3) + \ldots + (a_i - b_i x^{-i})\,(1-x^i) \end{cases} = 2\,(\mathrm{1})_1 \sqrt{-1},$$

$$\begin{cases} (a_1 x - b_1 x^{-2})(1-x) + (a_2 x^2 - b_2 x^{-2\cdot 2})(1-x^2) \\ \quad + (a_3 x^3 - b_3 x^{-3\cdot 2})(1-x^3) + \ldots + (a_i x^i - b_i x^{-i\cdot 2})(1-x^i) \end{cases} = 2\,(\mathrm{1})_2 \sqrt{-1},$$

$$\begin{cases} (a_1 x^2 - b_1 x^{-3})(1-x) + (a_2 x^{2\cdot 2} - b_2 x^{-2\cdot 3})(1-x^2) \\ \quad + (a_3 x^{3\cdot 2} - b_3 x^{-3\cdot 3})(1-x^3) \ldots + (a_i x^{i\cdot 2} - b_i x^{-i\cdot 3})(1-x^i) \end{cases} = 2\,(\mathrm{1})_3 \sqrt{-1},$$

$$\begin{cases} (a_1 x^3 - b_1 x^{-4})(1-x) + (a_2 x^{2\cdot 3} - b_2 x^{-2\cdot 4})(1-x^2) \\ \quad + (a_3 x^{3\cdot 3} - b_3 x^{-3\cdot 4})(1-x^3) \ldots + (a_i x^{i\cdot 3} - b_i x^{-i\cdot 4})(1-x^i) \end{cases} = 2\,(\mathrm{1})_4 \sqrt{-1},$$

etc. . . . .

on a $2i$ équations de cette espèce.

6. Nous pourrions éliminer a_1, puis b_1 entre ces équations. Mais les relations qui renfermeraient en général b_k sans a_k seraient peu symétriques, et nous n'en ferons aucun usage. Il est préférable d'éliminer

tout d'un coup a_i et b_i, et de former $(2i - 2)$ nouvelles équations qui seront déduites des précédentes combinées trois à trois comme il suit.

Désignons par M_1, M_2 et M_3 les premiers membres de trois des équations (10) prises consécutivement. En exécutant la combinaison

$$(11) \qquad M_1 + M_3 - M_2 (x + x^{-1}),$$

de ces quantités, les termes en a_i et b_i disparaîtront. On s'en convaincra en substituant dans cette formule, à la place de M_1, M_2 et M_3, les expressions suivantes des parties dépendantes de a_i et de b_i dans les premiers membres de trois des équations consécutives

$$(a_i x^k \quad - \; b_i x^{-k-1}) \, (1 - x),$$
$$(a_i x^{k+1} - b_i x^{-k-2}) \, (1 - x),$$
$$(a_i x^{k+2} - b_i x^{-k-3}) \, (1 - x).$$

Prenons trois autres termes correspondants dans les premiers membres des mêmes équations; par exemple, les termes

$$[a_i x^{ik} \quad - \; b_i x^{-i(k+1)}] \, (1 - x^i),$$
$$[a_i x^{i(k+1)} - b_i x^{-i(k+2)}] \, (1 - x^i),$$
$$[a_i x^{i(k+2)} - b_i x^{-i(k+3)}] \, (1 - x^i).$$

En les soumettant à la combinaison (11), on trouvera aisément qu'il en résultera des expressions de la forme suivante

$$[a_i x^{ik} - b_i x^{-i(k+3)}] \, (1 - x^{i+1}) \, (1 - x^i) \, (1 - x^{i-1}),$$

et cette formule servira à former les premiers membres des nouvelles équations en donnant à l'indice i des valeurs depuis 2 jusqu'à i, et à la quantité k des valeurs depuis 0 jusqu'à $(2i - 3)$.

Quant aux seconds membres de ces nouvelles équations, nous désignerons leurs parties réelles par $(2)_1$, $(2)_2$, $(2)_3, \ldots$, et en remarquant que d'après la première des conditions (6),

$$x^i + x^{-i} = 2 \cos \alpha,$$

2..

nous trouverons

$$(12) \quad \begin{cases} (2)_1 = (1)_1 + (1)_3 - (1)_2 2\cos\alpha, \\ (2)_2 = (1)_2 + (1)_4 - (1)_3 2\cos\alpha, \\ (2)_3 = (1)_3 + (1)_5 - (1)_4 2\cos\alpha, \\ \text{etc.} \quad . \quad . \quad . \quad . \quad . \quad . \quad . \quad . \end{cases}$$

D'après ces transformations et ces notations, le système des nouvelles équations, dans lesquelles ne se trouveront plus ni a_1 ni b_1, sera :

$$(13) \begin{cases} (a_2-b_2 x^{-2\cdot3})(1-x^3)(1-x^2)(1-x)+(a_3-b_3 x^{-3\cdot3})(1-x^4)(1-x^3)(1-x^2)\ldots \\ \qquad +(a_i-b_i x^{-i\cdot3})(1-x^{i+1})(1-x^i)(1-x^{i-1}) \Big\} = 2(2)_1\sqrt{-1}, \\[4pt] (a_2 x^2-b_2 x^{-2\cdot4})(1-x^3)(1-x^2)(1-x)+(a_3 x^3-b_3 x^{-3\cdot4})(1\ x^4)(1-x^3)(1-x^2)\ldots\Big\} \\ \qquad +(a_i x^i-b_i x^{-i\cdot4})(1-x^{i+1})(1-x^i)(1-x^{i-1}) \Big\} = 2(2)_2\sqrt{-1}, \\[4pt] (a_2 x^{2\cdot2}-b_2 x^{-2\cdot5})(1-x^3)(1-x^2)(1-x)+(a_3 x^{3\cdot2}-b_3 x^{-3\cdot5})(1-x^4)(1-x^3)(1-x^2)\ldots\Big\} \\ \qquad +(a_i x^{i\cdot2}-b_i x^{-i\cdot5})(1-x^{i+1})(1-x^i)(1-x^{i-1}) \Big\} = 2(2)_3\sqrt{-1}, \\[4pt] (a_2 x^{2\cdot3}-b_2 x^{-2\cdot6})(1-x^3)(1-x^2)(1-x)+(a_3 x^{3\cdot3}-b_3 x^{-3\cdot6})(1-x^4)(1-x^3)(1-x^2)\ldots\Big\} \\ \qquad +(a_i x^{i\cdot3}-b_i x^{-i\cdot6})(1-x^{i+1})(1-x^i)(1-x^{i-1}) \Big\} = 2(2)_4\sqrt{-1}. \end{cases}$$

La loi par laquelle ces équations se déduisent des équations (10) est des plus simples. Ainsi le facteur

$$[a_i x^{i\cdot k} - b_i x^{-i(k+3)}]$$

est la somme du premier et du dernier terme des facteurs analogues existants dans deux des équations (10) éloignées l'une de l'autre de deux rangs. Avant et après le facteur $(1 - x^i)$ qui existait déjà dans les équations (10), on en trouve deux dans lesquels l'exposant de x est respectivement supérieur ou inférieur d'une unité à l'indice i.

7. On passera des équations (13) aux équations privées des coefficients a_2 et b_2 par des considérations analogues; c'est-à-dire en formant la combinaison suivante

$$M_1 + M_3 - M_2 (x^2 + x^{-2}),$$

des membres correspondants M_1, M_2 et M_3 de trois des équations (13) prises consécutivement. Remarquons qu'en vertu de la première des équations (6)

$$x^2 + x^{-2} = 2\cos 2\alpha,$$

et posons

$$(14) \quad \begin{cases} (3)_1 = (2)_1 + (2)_3 - (2)_2\, 2\cos 2\alpha, \\ (3)_2 = (2)_2 + (2)_4 - (2)_3\, 2\cos 2\alpha, \\ (3)_3 = (2)_3 + (2)_5 - (2)_4\, 2\cos 2\alpha, \\ \cdots\cdots\cdots\cdots\cdots\cdots \end{cases}$$

Les équations cherchées seront les suivantes, qui se déduiront des équations (13) tout-à-fait comme celles-ci se sont déduites des équations (10),

$$(15) \begin{cases} (a_3 - b_3\, x^{-3.5})(1\text{-}x^5)\ldots(1\text{-}x)\ldots + (a_i - b_i\, x^{-i.5})(1\text{-}x^{i+2})\ldots(1\text{-}x^{i-2}) = 2(3)_1\sqrt{-1}, \\ (a_3 x^3\text{-}b_3 x^{-3.6})(1\text{-}x^5)\ldots(1\text{-}x)\ldots + (a_i x^i - b_i x^{-i.6})(1\text{-}x^{i+2})\ldots(1\text{-}x^{i-2}) = 2(3)_2\sqrt{-1}, \\ (a_3 x^{3.2}\text{-}b_3 x^{-3.7})(1\ x^5)\ldots(1\text{-}x)\ldots + (a_i x^{i.2}\text{-}b_i x^{-i.7})(1\text{-}x^{i+2})\ldots(1\text{-}x^{i-2}) = 2(3)_3\sqrt{-1}, \\ \cdots\cdots\cdots\cdots\cdots\cdots\cdots\cdots\cdots \end{cases}$$

et ainsi de suite; on se débarrassera de a_3 et b_3, a_4 et b_4,..., et l'on tombera sur deux équations ne contenant plus que a_i et b_i; ces quantités seront ainsi déterminées.

8. Nous pouvons, dès à présent, remarquer que l'importante condition que nous nous sommes imposée en commençant est satisfaite. Car pour arriver aux équations qui ne contiennent que a_i et b_i, nous n'avons qu'à former la suite des quantités

$$(16) \quad \begin{cases} (1)_1, \quad (1)_2, \quad (1)_3,\ldots, \quad (1)_{2i}, \\ (2)_1, \quad (2)_2, \quad (2)_3,\ldots, \quad (2)_{2i-2}, \\ (3)_1, \quad (3)_2, \quad (3)_3,\ldots, \quad (3)_{2i-4}, \\ \cdots\cdots\cdots\cdots\cdots \\ (i)_1, \quad (i)_2, \end{cases}$$

qui se déduisent les unes des autres par les relations (9), (12), (14) et par des relations analogues. Or si l'on reconnaissait que les valeurs de a_i et de b_i ne sont pas assez petites pour qu'on puisse s'y arrêter, il suffirait de calculer, pour avoir égard à la valeur supérieure de l'indice i, deux nouvelles valeurs numériques de la fonction perturbatrice, savoir : R_{2i+1} et R_{2i+2}. Au moyen de ces valeurs, on ajouterait à la droite du tableau (16) deux nouveaux nombres dans chaque ligne horizontale, et l'on tomberait ainsi sur

$$(i + 1)_1 \quad \text{et} \quad (i + 1)_2,$$

qui feraient connaître a_{i+1} et b_{i+1}, sans plus de calculs que si l'on avait eu égard dès l'origine à l'indice $(i+1)$.

9. Nous venons d'établir qu'on arriverait sans difficulté à la valeur des coefficients affectés du plus grand indice. Pour rechercher les formules au moyen desquelles nous reviendrons aux coefficients affectés des indices précédents, il est nécessaire d'écrire les trois derniers systèmes d'équations sur lesquels nous devrons tomber.

Le premier de ces systèmes, contenant encore les coefficients affectés des indices $i - 2$, $i - 1$ et i, sera

$$(17)\begin{cases}
\begin{aligned}
(a_{i-2} &- b_{i-2}\, x^{-(i-2)(2i-5)})(1-x^{2i-5})\dots(1-x)\\
&+(a_{i-1} - b_{i-1}\, x^{-(i-1)(2i-5)})(1-x^{2i-4})\dots(1-x^2)\\
&+(a_i - b_i\, x^{-i(2i-5)})(1-x^{2i-3})\dots(1-x^3)
\end{aligned} &\Bigg\}=2(i-2)_1\sqrt{-1},\\[1ex]
\begin{aligned}
(a_{i-2}x^{i-2} &- b_{i-2}\, x^{-(i-2)(2i-4)})(1-x^{2i-5})\dots(1-x)\\
&+(a_{i-1}x^{i-1} - b_{i-1}x^{-(i-1)(2i-4)})(1-x^{2i-4})\dots(1-x^2)\\
&+(a_i x^i - b_i\, x^{-i(2i-4)})(1-x^{2i-3})\dots(1-x^3)
\end{aligned} &\Bigg\}=2(i-2)_2\sqrt{-1},\\[1ex]
\begin{aligned}
(a_{i-2}x^{(i-2)2} &- b_{i-2}\, x^{-(i-2)(2i-3)})(1-x^{2i-5})\dots(1-x)\\
&+(a_{i-1}x^{(i-2)} - b_{i-1}x^{-(i-1)(2i-3)})(1-x^{2i-4})\dots(1-x^2)\\
&+(a_i x^{i\cdot 2} - b_i\, x^{-i(2i-3)})(1-x^{2i-3})\dots(1-x^3)
\end{aligned} &\Bigg\}=2(i-2)_3\sqrt{-1},\\[1ex]
\begin{aligned}
(a_{i-2}x^{(i-2)3} &- b_{i-2}\, x^{-(i-2)(2i-2)})(1-x^{2i-5})\dots(1-x)\\
&+(a_{i-1}x^{(i-1)2} - b_{i-1}x^{-(i-1)(2i-2)})(1-x^{2i-4})\dots(1-x^2)\\
&+(a_i x^{i\cdot 3} - b_i\, x^{-i(2i-2)})(1-x^{2i-3})\dots(1-x^3)
\end{aligned} &\Bigg\}=2(i-2)_4\sqrt{-1},\\[1ex]
\begin{aligned}
(a_{i-2}x^{(i-2)4} &- b_{i-2}\, x^{-(i-2)(2i-1)})(1-x^{2i-5})\dots(1-x)\\
&+(a_{i-1}x^{(i-1)4} - b_{i-1}x^{-(i-1)(2i-1)})(1-x^{2i-4})\dots(1-x^2)\\
&+(a_i x^{i\cdot 4} - b_i\, x^{-i(2i-1)})(1-x^{2i-3})\dots(1-x^3)
\end{aligned} &\Bigg\}=2(i-2)_5\sqrt{-1},\\[1ex]
\begin{aligned}
(a_{i-2}x^{(i-2)5} &- b_{i-2}\, x^{-(i-2)(2i-0)})(1-x^{2i-5})\dots(1-x)\\
&+(a_{i-1}x^{(i-1)5} - b_{i-1}x^{-(i-1)(2i-0)})(1-x^{2i-4})\dots(1-x^2)\\
&+(a_i x^{i\cdot 5} - b_i\, x^{-i(2i)})(1-x^{2i-3})\dots(1-x^3)
\end{aligned} &\Bigg\}=2(i-2)_6\sqrt{-1}.
\end{cases}$$

Le coefficient $(i-2)_k$ du second membre est fourni par la relation

$$(18) \qquad (i-2)_k = (i-3)_k + (i-3)_{k+2} - (i-3)_{k+1} \, 2\cos(i-3)\alpha.$$

Le second de ces systèmes, ne contenant plus que a_{i-1} et b_{i-1}, a_i et b_i, sera

$$(19) \begin{cases}
\begin{aligned}
(a_{i-1} \quad\; - b_{i-1}\, x^{-(i-1)(2i-3)})(1-x^{2i-3})\ldots(1-x) \\
+ (a_i \; - b_i\, x^{-i(2i-3)})(1-x^{2i-2})\ldots(1-x^2)
\end{aligned} & = 2(i-1)_1\sqrt{-1}, \\[2ex]
\begin{aligned}
(a_{i-1}\, x^{i-1} - b_{i-1}\, x^{-(i-1)(2i-2)})(1-x^{2i-3})\ldots(1-x) \\
+ (a_i\, x^i - b_i\, x^{-i(2i-2)})(1-x^{2i-2})\ldots(1-x^2)
\end{aligned} & = 2(i-1)_2\sqrt{-1}, \\[2ex]
\begin{aligned}
(a_{i-1}\, x^{(i-1)2} - b_{i-1}\, x^{-(i-1)(2i-1)})(1-x^{2i-3})\ldots(1-x) \\
+ (a_i\, x^{i\cdot 2} - b_i\, x^{-i(2i-1)})(1-x^{2i-2})\ldots(1-x^2)
\end{aligned} & = 2(i-1)_3\sqrt{-1}, \\[2ex]
\begin{aligned}
(a_{i-1}\, x^{(i-1)3} - b_{i-1}\, x^{-(i-1)2i})(1-x^{2i-3})\ldots(1-x) \\
+ (a_i\, x^{i\cdot 3} - b_i\, x^{-i\cdot 2i})(1-x^{2i-2})\ldots(1-x^2)
\end{aligned} & = 2(i-1)_4\sqrt{-1}.
\end{cases}$$

le coefficient $(i-1)_k$ du second membre étant donné par la relation

$$(20) \qquad (i-1)_k = (i-2)_k + (i-2)_{k+2} - (i-2)_{k+1} \, 2\cos(i-2)\alpha.$$

Enfin le dernier système, ne contenant plus que a_i et b_i, sera

$$(21) \begin{cases}
(a_i - b_i\, x^{-i(2i-1)})(1-x^{2i-1})\ldots(1-x) = 2(i)_1\sqrt{-1}, \\[1ex]
(a_i\, x^i - b_i\, x^{-i\cdot 2i})(1-x^{2i-1})\ldots(1-x) = 2(i)_2\sqrt{-1},
\end{cases}$$

le coefficient $(i)_k$ étant donné par la formule

$$(22) \qquad (i)_k = (i-1)_k + (i-1)_{k+2} - (i-1)_{k+1} \, 2\cos(i-1)\alpha.$$

10. Calculons d'abord au moyen des équations (21), non pas les quantités a_i et b_i, mais les coefficients A_i et B_i qui leur sont liés par les formules (7).

Je remarquerai à cet effet qu'en vertu des formules (5) et (6),

$$\frac{1-x^{2k}}{x^k} = x^{-k} - x^k = -2\sqrt{-1}\,\sin k = \frac{2\sin k}{\sqrt{-1}},$$

et au moyen de cette relation, je transformerai les termes qui composent les équations (17), (19) et (21) de la manière suivante.

Tous ces termes sont compris dans la forme générale

$$[a_k x^{kp} - b_k x^{-k(p+2h+1)}] (1 - x^{k+h}) \ldots (1 - x^k) \ldots (1 - x^{k-h}),$$

k et h étant deux nombres entiers et positifs à partir de l'unité, et p pouvant avoir toutes les valeurs entières et positives, zéro compris. En remarquant que la somme des exposants

$$(k + h) + (k + h - 1) + \ldots + (k - h + 1) + (k - h)$$

est égale à $k\,(2h + 1)$, ce terme général peut s'écrire comme il suit :

$$[a_k\, x^{k(p+h+\frac{1}{2})} - b_k x^{-k(p+h+\frac{1}{2})}]$$
$$\times (x^{-\frac{k+h}{2}} - x^{\frac{k+h}{2}}) (x^{-\frac{k+h-1}{2}} - x^{\frac{k+h-1}{2}}) \ldots (x^{-\frac{k-h}{2}} - x^{\frac{k-h}{2}}),$$

ou bien

$$(23) \quad \left\{ \begin{array}{l} [a_k\, x^{k(p+h+\frac{1}{2})} - b_k x^{-k(p+h+\frac{1}{2})}] \times \\[2mm] \times \left(\dfrac{2}{\sqrt{-1}}\right)^{2h+1} \sin(k+h)\dfrac{\alpha}{2} . \sin(k+h-1)\dfrac{\alpha}{2} \ldots \sin(k-h)\dfrac{\alpha}{2}. \end{array} \right.$$

11. Au moyen de cette formule (23), et de valeurs convenables données à k, h et p, les équations (21) deviendront

$$\left. \begin{array}{l} [a_i\, x^{i(i-\frac{1}{2})} - b_i x^{-i(i-\frac{1}{2})}] \times \\[2mm] \times \left(\dfrac{2}{\sqrt{-1}}\right)^{2i-1} \sin(2i-1)\dfrac{\alpha}{2} . \sin(2i-2)\dfrac{\alpha}{2} \ldots \sin\dfrac{\alpha}{2} \end{array} \right\} = 2\,(i)_1\,\sqrt{-1},$$

$$\left. \begin{array}{l} [a_i\, x^{i(i+\frac{1}{2})} - b_i x^{-i(i+\frac{1}{2})}] \\[2mm] \times \left(\dfrac{2}{\sqrt{-1}}\right)^{2i-1} \sin(2i-1)\dfrac{\alpha}{2} . \sin(2i-2)\dfrac{\alpha}{2} \ldots \sin\dfrac{\alpha}{2} \end{array} \right\} = 2\,(i)_2\,\sqrt{-1},$$

ou bien, en posant généralement pour toutes les valeurs de i

$$(24) \quad \left\{ \begin{array}{l} [i]_n = \dfrac{(i)_n\,(-1)^i}{2^{2i-1} \sin(2i-1)\dfrac{\alpha}{2} \sin(2i-2)\dfrac{\alpha}{2} \ldots \sin\dfrac{\alpha}{2}}, \\[6mm] [i]_{n+1} = \dfrac{(i)_{n+1}\,(-1)^i}{2^{2i-1} \sin(2i-1)\dfrac{\alpha}{2} \sin(2i-2)\dfrac{\alpha}{2} \ldots \sin\dfrac{\alpha}{2}}, \end{array} \right.$$

on aura

$$(25) \quad \begin{cases} a_i x^{i(i-\frac{1}{4})} - b_i x^{-i(i-\frac{1}{4})} = 2[i]_1, \\ a_i x^{i(i+\frac{1}{4})} - b_i x^{-i(i+\frac{1}{4})} = 2[i]_2. \end{cases}$$

Ces équations, en remplaçant a_i et b_i par leurs valeurs en fonctions de A_i et B_i, et en ayant de nouveau égard aux relations (6), deviendront

$$A_i \cos i(2i-1)\frac{\alpha}{2} - B_i \sin i(2i-1)\frac{\alpha}{2} = [i]_1,$$

$$A_i \cos i(2i+1)\frac{\alpha}{2} - B_i \sin i(2i+1)\frac{\alpha}{2} = [i]_2,$$

et l'on en déduira

$$(26) \quad \begin{cases} A_i = [i]_1 \dfrac{\sin i(2i+1)\frac{\alpha}{2}}{\sin i\alpha} - [i]_2 \dfrac{\sin i(2i-1)\frac{\alpha}{2}}{\sin i\alpha}, \\[2ex] B_i = [i]_1 \dfrac{\cos i(2i+1)\frac{\alpha}{2}}{\sin i\alpha} - [i]_2 \dfrac{\cos i(2i-1)\frac{\alpha}{2}}{\sin i\alpha}. \end{cases}$$

Ainsi donc, $(i)_1$ et $(i)_2$ étant déterminés par la formule (22), on en déduira $[i]_1$ et $[i]_2$ par les formules (24), puis A_i et B_i par les formules (26).

12. Le calcul relatif à la détermination de A_{i-1} et de B_{i-1}, sera ensuite plus simple en ayant recours à la seconde et à la troisième formule du système (19) plutôt qu'à la première et à la seconde. Ces équations deviendront, par des transformations tout à fait semblables à celles que nous venons de développer,

$$\left. \begin{aligned} &\left[a_{i-1} x^{(i-1)(i-\frac{1}{4})} - b_{i-1} x^{-(i-1)(i-\frac{1}{4})}\right] \\ &\qquad \times \left(\frac{2}{\sqrt{-1}}\right)^{2i-3} \sin(2i-3)\frac{\alpha}{2} \dots \sin\frac{\alpha}{2} \\ &+ \left[a_i x^{i(i-\frac{1}{4})} - b_i x^{-i(i-\frac{1}{4})}\right] \\ &\qquad \times \left(\frac{2}{\sqrt{-1}}\right)^{2i-3} \sin(2i-2)\frac{\alpha}{2} \dots \sin 2\frac{\alpha}{2} \end{aligned} \right\} = 2(i-1)_2\sqrt{-1},$$

3

$$\left.\begin{aligned}
&[a_{i-1}\, x^{(i-1)(i+\frac{1}{2})} - b_{i-1}\, x^{-(i-1)(i+\frac{1}{2})}] \\
&\qquad \times \left(\frac{2}{\sqrt{-1}}\right)^{2i-3} \sin(2i-3)\,\frac{\alpha}{2} \dots \sin\frac{\alpha}{2} \\
&+ [a_i\, x^{i(i+\frac{1}{2})} - b_i\, x^{-i(i+\frac{1}{2})}] \\
&\qquad \times \left(\frac{2}{\sqrt{-1}}\right)^{2i-3} \sin(2i-2)\,\frac{\alpha}{2} \dots \sin 2\,\frac{\alpha}{2}
\end{aligned}\right\} = 2\,(i-1)_3\,\sqrt{-1}.$$

C'est par le soin que nous avons eu de prendre la seconde et la troisième des équations du système (19), que les premiers membres de l'équation (25), qui ont déjà été calculés, se retrouvent ici en facteurs. Si nous avons égard à ces conditions et à la notation (24), nous pourrons poser pour abréger :

$$(27)\quad\left\{\begin{aligned}
k'_{i-1} &= [i-1]_2 - [i]_1\,\frac{\sin(2i-2)\frac{\alpha}{2}}{\sin\frac{\alpha}{2}}, \\[2mm]
k''_{i-1} &= [i-1]_3 - [i]_2\,\frac{\sin(2i-2)\frac{\alpha}{2}}{\sin\frac{\alpha}{2}}.
\end{aligned}\right.$$

Ces expressions réduisent les équations précédentes à celles-ci

$$(28)\quad\left\{\begin{aligned}
a_{i-1}\,x^{(i-1)(i-\frac{1}{2})} - b_{i-1}\,x^{-(i-1)(i-\frac{1}{2})} &= 2k'_{i-1}, \\
a_{i-1}\,x^{(i-1)(i+\frac{1}{2})} - b_{i-1}\,x^{-(i-1)(i+\frac{1}{2})} &= 2k''_{i-1}.
\end{aligned}\right.$$

Leur forme est la même que celle des équations (25) et l'on en déduira de la même manière

$$(29)\quad\left\{\begin{aligned}
A_{i-1} &= k'_{i-1}\,\frac{\sin(i-1)(2i+1)\frac{\alpha}{2}}{\sin(i-1)\alpha} - k''_{i-1}\,\frac{\sin(i-1)(2i-1)\frac{\alpha}{2}}{\sin(i-1)\alpha}, \\[2mm]
B_{i-1} &= k'_{i-1}\,\frac{\cos(i-1)(2i+1)\frac{\alpha}{2}}{\sin(i-1)\alpha} - k''_{i-1}\,\frac{\cos(i-1)(2i-1)\frac{\alpha}{2}}{\sin(i-1)\alpha}.
\end{aligned}\right.$$

13. La détermination de A_{i-2} et de B_{i-2} devra s'exécuter au moyen de la troisième et de la quatrième des formules du système (17). Ces formules, transformées comme les précédentes, deviennent

$$
\left.
\begin{aligned}
&\left[a_{i-2}\,x^{(i-2)(i-\frac{1}{4})} - b_{i-2}\,x^{-(i-2)(i-\frac{1}{4})}\right]\left(\frac{2}{\sqrt{-1}}\right)^{2i-5}\sin(2i-5)\tfrac{\alpha}{2}\ldots\sin\tfrac{\alpha}{2}\\[4pt]
+&\left[a_{i-1}\,x^{(i-1)(i-\frac{1}{4})} - b_{i-1}\,x^{-(i-1)(i-\frac{1}{4})}\right]\left(\frac{2}{\sqrt{-1}}\right)^{2i-5}\sin(2i-4)\tfrac{\alpha}{2}\ldots\sin 2\tfrac{\alpha}{2}\\[4pt]
+&\left[a_i\,x^{i(i-\frac{1}{4})} - b_i\,x^{-i(i-\frac{1}{4})}\right]\left(\frac{2}{\sqrt{-1}}\right)^{2i-5}\sin(2i-3)\tfrac{\alpha}{2}\ldots\sin 3\tfrac{\alpha}{2}
\end{aligned}
\right\} = 2(i-2)_3\sqrt{-1},
$$

$$
\left.
\begin{aligned}
&\left[a_{i-2}\,x^{(i-2)(i+\frac{1}{4})} - b_{i-2}\,x^{-(i-2)(i+\frac{1}{4})}\right]\left(\frac{2}{\sqrt{-1}}\right)^{2i-5}\sin(2i-5)\tfrac{\alpha}{2}\ldots\sin\tfrac{\alpha}{2}\\[4pt]
+&\left[a_{i-1}\,x^{(i-1)(i+\frac{1}{4})} - b_{i-1}\,x^{-(i-1)(i+\frac{1}{4})}\right]\left(\frac{2}{\sqrt{-1}}\right)^{2i-5}\sin(2i-4)\tfrac{\alpha}{2}\ldots\sin 2\tfrac{\alpha}{2}\\[4pt]
+&\left[a_i\,x^{i(i+\frac{1}{4})} - b_i\,x^{-i(i+\frac{1}{4})}\right]\left(\frac{2}{\sqrt{-1}}\right)^{2i-5}\sin(2i-3)\tfrac{\alpha}{2}\ldots\sin 3\tfrac{\alpha}{2}
\end{aligned}
\right\} = 2(i-2)_4\sqrt{-1}.
$$

Si en ayant égard aux relations (25) et (28), et à la notation (24), on pose

$$
(30)\left\{
\begin{aligned}
k'_{i-2} &= [i-2]_3 - k'_{i-1}\,\frac{\sin(2i-4)\tfrac{\alpha}{2}}{\sin\tfrac{\alpha}{2}} - [i]_1\,\frac{\sin(2i-4)\tfrac{\alpha}{2}\sin(2i-3)\tfrac{\alpha}{2}}{\sin\tfrac{\alpha}{2}\sin 2\tfrac{\alpha}{2}},\\[10pt]
k''_{i-2} &= [i-2]_4 - k''_{i-1}\,\frac{\sin(2i-4)\tfrac{\alpha}{2}}{\sin\tfrac{\alpha}{2}} - [i]_2\,\frac{\sin(2i-4)\tfrac{\alpha}{2}\sin(2i-3)\tfrac{\alpha}{2}}{\sin\tfrac{\alpha}{2}\sin 2\tfrac{\alpha}{2}},
\end{aligned}
\right.
$$

les équations précédentes s'écriront

$$
a_{i-2}\,x^{(i-2)(i-\frac{1}{4})} - b_{i-2}\,x^{-(i-2)(i-\frac{1}{4})} = 2k'_{i-2},
$$
$$
a_{i-2}\,x^{(i-2)(i+\frac{1}{4})} - b_{i-2}\,x^{-(i-2)(i+\frac{1}{4})} = 2k''_{i-2};
$$

et l'on en déduira

$$
(31)\left\{
\begin{aligned}
A_{i-2} &= k'_{i-2}\,\frac{\sin(i-2)(2i+1)\tfrac{\alpha}{2}}{\sin(i-2)\alpha} - k''_{i-2}\,\frac{\sin(i-2)(2i-1)\tfrac{\alpha}{2}}{\sin(i-2)\alpha},\\[10pt]
B_{i-2} &= k'_{i-2}\,\frac{\cos(i-2)(2i+1)\tfrac{\alpha}{2}}{\sin(i-2)\alpha} - k''_{i-2}\,\frac{\cos(i-2)(2i-1)\tfrac{\alpha}{2}}{\sin(i-2)\alpha}.
\end{aligned}
\right.
$$

Et ainsi de suite, remontant de système en système, par ces formules dont la loi est assez évidente, on arrivera par des calculs symétriques à la détermination de tous les coefficients A_i et B_i, A_{i-1} et B_{i-1},..., jusqu'à A_1 et B_1. A_1 et B_1 en particulier seront donnés par les formules des rangs i et $(i+1)$ du système (10).

Enfin la première des équations (4) donnera B_0 fort simplement.

14. En résumé, les opérations numériques qu'on aura à effectuer pour obtenir un système complet des valeurs de A_i et de B_i correspondantes à une même valeur de la longitude l', seront les suivantes :

1°. On déterminera les $(2i+1)$ valeurs numériques R_0, R_1, R_2,..., et R_{2i} de la fonction perturbatrice ;

2°. Au moyen des formules (9) et (22), on déterminera les valeurs numériques comprises dans le tableau (16) ;

3°. Au moyen des formules (24) on calculera les $2i$ quantités $[i]_1$ et $[i]_2$, $[i-1]_2$ et $[i-1]_3$, $[i-2]_3$ et $[i-2]_4$ jusqu'à $[1]_i$ et $[1]_{i+1}$, ce qui ne demande que quelques logarithmes ;

4°. Au moyen des formules (27), (30) et de leurs analogues, on calculera les $2(i-1)$ quantités k'_{i-1} et k''_{i-1}, k'_{i-2} et k''_{i-2},..., jusqu'à k'_1 et k''_1 ;

5°. Les formules (26), (29), (31) et leurs analogues, donneront toutes les quantités A_i et B_i; et la première des formules (4) donnera la quantité B_0.

Tous ces calculs sont symétriques ; leur nature permet de les exécuter avec certitude. On peut d'ailleurs contrôler simplement les quantités $(i)_1$, $(i)_2$, $(i)_3$,... Car si l'on ajoute toutes les équations que donne la formule (22), lorsqu'on suppose que l'indice k varie depuis n jusqu'à n', on aura

$$(32) \qquad \sum_n^{n'} (i+1)_k = \sum_n^{n'+2} (i)_k + \sum_{n+2}^{n'} (i)_k - 2\cos i\alpha \sum_{n+1}^{n'+1} (i)_k ;$$

le signe $\sum$ étant relatif aux différentes valeurs de l'indice k. Cette relation permettra de vérifier rapidement toute la série des coefficients $(i)_k$

ou seulement un certain nombre d'entre eux pris consécutivement, ce qui fera découvrir aisément les erreurs qui auraient pu s'y glisser.

Enfin il faudra que la première et la seconde des équations (4) s'accordent à donner la même valeur de la constante B_0.

15. Revenons aux relations (3), et d'abord à la première d'entre elles. Par les calculs qui précèdent nous pourrons déterminer les valeurs de B_0 correspondantes aux longitudes moyennes

$$l' = 0, \quad l' = \alpha, \quad l' = 2\alpha, \ldots, \quad l' = 2i\alpha,$$

ce qui nous fournira $(2i + 1)$ relations pour déterminer la constante C de la fonction perturbatrice, et les coefficients $(0, i')$ et $[0, i']$, correspondants aux différentes valeurs de i' depuis 1 jusqu'à i. Il est clair en effet que l'indice i étant nul, il suffit d'attribuer à i' des valeurs positives. Les relations à résoudre étant d'ailleurs en tout semblables aux relations (4), nous n'avons rien à ajouter à cet égard.

16. Il nous reste à résoudre le système des deux dernières des équations (3), tel qu'il se présente quand on donne à l' les valeurs 0, 1, 2, ..., $2i$.

En se bornant au système composé des équations fournies par une seule des équations (3), il serait encore complétement semblable au système (4), et il se traiterait de la même manière. Mais on se trouverait obligé d'employer ainsi deux fois plus de valeurs numériques de la fonction R qu'en se servant à la fois des deux équations (3). Nous allons donc chercher à en faire usage, et nous y trouverons l'avantage de décomposer les équations qui font connaître les coefficients (i, i') et $[i, i']$ pour une même valeur de i et pour des valeurs différentes de i', positives ou négatives, en deux systèmes séparés.

Je remarque à cet effet, qu'en donnant à i' la valeur $-i$, les coefficients (i, i') et $[i, i']$ deviennent de l'ordre *zéro* par rapport aux excentricités et aux inclinaisons : que pour avoir égard aux coefficients qui sont de l'ordre p par rapport à ces éléments, il faudra donner à i' toutes les valeurs depuis $(-i-p)$ jusqu'à $(-i+p)$. Et ainsi le système des deux équations (3) deviendra pour une seule valeur de l'

égale à $n\alpha$:

$$(33)\ \begin{cases}
\begin{aligned}
&(i,\ -\ i)\cos(\ -\ i\ )n\alpha && -\ [i,\ -\ i]\sin(\ -\ i)n\alpha \\
+\ &(i,-i-1)\cos(-i-1)n\alpha && -\ [i,-i-1]\sin(-i-1)n\alpha \\
+\ &(i,-i+1)\cos(-i+1)n\alpha && -\ [i,-i+1]\sin(-i+1)n\alpha \\
&\cdots\cdots\cdots\cdots\cdots\cdots\cdots\cdots\cdots\cdots\cdots \\
+\ &(i,-i-p)\cos(-i-p)n\alpha && -\ [i,-i-p]\sin(-i-p)n\alpha \\
+\ &(i,-i+p)\cos(-i+p)n\alpha && -\ [i,-i+p]\sin(-i+p)n\alpha
\end{aligned} \Bigg\} = A_i^{(n)}, \\[2em]
\begin{aligned}
&[i,\ -\ i]\cos(\ -\ i)n\alpha && +\ (i,\ -\ i)\sin(\ -\ i)n\alpha \\
+\ &[i,-i-1]\cos(-i-1)n\alpha && +\ (i,-i-1)\sin(-i-1)n\alpha \\
+\ &[i,-i+1]\cos(-i+1)n\alpha && +\ (i,-i+1)\sin(-i+1)n\alpha \\
&\cdots\cdots\cdots\cdots\cdots\cdots\cdots\cdots\cdots\cdots\cdots \\
+\ &[i,-i-p]\cos(-i-p)n\alpha && +\ (i,-i-p)\sin(-i-p)n\alpha \\
+\ &[i,-i+p]\cos(-i+p)n\alpha && +\ (i,-i+p)\sin(-i+p)n\alpha
\end{aligned} \Bigg\} = B_i^{(n)}.
\end{cases}$$

Maintenant j'élimine successivement entre ces deux équations $[i,-i]$, puis $(i,-i)$, et j'obtiens les deux relations :

$$(34)\ \begin{cases}
(i,-i)\ +\ \{(i,-i-1)\ +\ (i,-i+1)\}\ \cos n\alpha \\
\qquad +\ \{[i,-i-1]\ -\ [i,-i+1]\}\ \sin n\alpha \\
\qquad \cdots\cdots\cdots\cdots\cdots\cdots\cdots\cdots \\
\qquad +\ \{(i,-i-p)\ +\ (i,-i+p)\}\ \cos pn\alpha \\
\qquad +\ \{[i,-i-p]\ -\ [i,-i+p]\}\ \sin pn\alpha
\end{cases} = P_i^{(n)},$$

$$(35)\ \begin{cases}
[i,-i]\ +\ \{(i,-i+1)\ -\ (i,-i-1)\}\ \sin n\alpha \\
\qquad +\ \{[i,-i-1]\ +\ [i,-i+1]\}\ \cos n\alpha \\
\qquad \cdots\cdots\cdots\cdots\cdots\cdots\cdots\cdots \\
\qquad +\ \{(i,-i+p)\ -\ (i,-i-p)\}\ \sin pn\alpha \\
\qquad +\ \{[i,-i-p]\ +\ [i,-i+p]\}\ \cos pn\alpha
\end{cases} = Q_i^{(n)},$$

dans lesquelles je suppose que $P_i^{(n)}$ et $Q_i^{(n)}$ aient les valeurs suivantes :

$$(36)\ \begin{cases}
P_i^{(n)} = A_i^{(n)}\cos in\alpha\ -\ B_i^{(n)}\sin in\alpha, \\
Q_i^{(n)} = A_i^{(n)}\sin in\alpha\ +\ B_i^{(n)}\cos in\alpha.
\end{cases}$$

Posons encore pour simplifier

$$\begin{aligned}
(i,\ -\ i\ -\ p)\ +\ (i,\ -\ i\ +\ p) &= x_p. \\
[i,\ -\ i\ -\ p]\ -\ [i,\ -\ i\ +\ p] &= z_p ;
\end{aligned}$$

la formule (34) deviendra

$$\left.\begin{aligned}(i, \, - i) \, + \, x_1 \, \cos n\alpha \, + \, x_2 \, \cos 2n\alpha \, + \, \ldots \, + \, x_p \, \cos pn\alpha \\ + \, z_1 \, \sin n\alpha \, + \, z_2 \, \sin 2n\alpha \, + \, \ldots \, + \, z_p \, \sin pn\alpha\end{aligned}\right\} = \mathrm{P}_i^{(n)},$$

et en attribuant à n les différentes valeurs entières et positives à partir de zéro, on aura un système d'équations semblables au système (4). On en déduira donc de la même manière les valeurs de $(i, \, - i)$, x_p et z_p.

Pour avoir égard aux équations (35) je ferai

$$(i, \, - i + p) \, - \, (i, \, - i - p) = y_p,$$
$$[i, \, - i + p] \, + \, [i, \, - i - p] = t_p;$$

ces équations s'écriront alors

$$\left.\begin{aligned}[i, \, - i] \, + \, y_1 \, \sin n\alpha \, + \, y_2 \, \sin 2n\alpha \, + \, \ldots \, + \, y_p \, \sin pn\alpha \\ + \, t_1 \, \cos n\alpha \, + \, t_2 \, \cos 2n\alpha \, + \, \ldots \, + \, t_p \, \cos pn\alpha\end{aligned}\right\} = \mathrm{Q}_i^{(n)},$$

et l'on en déduira aisément les valeurs de $[i, \, - i]$, y_p et t_p.

Après ces déterminations, on aura

$$(i, \, - i + p) = \tfrac{1}{2}x_p \, + \, \tfrac{1}{2}y_p,$$
$$(i, \, - i - p) = \tfrac{1}{2}x_p \, - \, \tfrac{1}{2}y_p,$$
$$[i, \, - i + p] = \tfrac{1}{2}t_p \, - \, \tfrac{1}{2}z_p,$$
$$[i, \, - i - p] = \tfrac{1}{2}t_p \, + \, \tfrac{1}{2}z_p,$$

et ainsi, tous les coefficients de R se trouveront calculés jusqu'à une décimale donnée.

17. Nous avons déjà fait voir que la méthode précédente ne permettait point qu'on laissât échapper aucune erreur. On en appréciera mieux les avantages, en remarquant que l'angle arbitraire α peut être adopté une fois pour toutes ; et qu'ainsi il serait aisé de déterminer à l'avance les valeurs numériques des coefficients des formules (24), (26),... de manière à n'avoir plus que des expressions linéaires à calculer, ce qui est toujours très-rapide. J'aurais même ici présenté toutes ces formules dans leur état le plus simple, avec l'exemple numérique que je rapporterai plus bas, si je ne devais en donner de plus complètes à l'occasion de la détermination d'une grande inégalité de Pallas.

Il est encore très-important d'observer qu'en vertu des excentricités des orbites le degré de convergence de la fonction perturbatrice est différent pour les diverses valeurs de la longitude moyenne l' de la planète perturbatrice : en sorte qu'il y a de grands avantages à n'être pas obligé d'employer dans tous les cas le même nombre de valeurs de la fonction R. C'est à quoi l'on ne saurait parvenir, dans la méthode où l'on divise exactement la circonférence en parties égales, sans être obligé de changer sans cesse cette division, ce qui est impraticable. Par les calculs précédents, au contraire, on n'emploie jamais que le nombre des valeurs numériques rigoureusement nécessaires pour chacune des positions de la planète perturbatrice, sans avoir à changer les formules (24), (27), (29),..., qu'on commencera par établir pour le cas où la série est la moins convergente. Il n'y aura ensuite qu'à supprimer un ou plusieurs des derniers termes de ces formules à mesure que le calcul même en indiquera la possibilité, et en ayant soin de négliger d'abord les fonctions R_0 et R_{2i}, puis R_1 et R_{2i-1}, et ainsi de suite.

18. Je prendrai pour exemple des formules précédentes la détermination des perturbations que le plan de l'orbite de Mercure éprouve, dans son inclinaison sur l'écliptique, par l'action de Vénus. Les raisons suivantes me portent à le choisir.

On a admis jusqu'ici que, par l'action de Vénus, l'obliquité du plan de l'orbite de Mercure sur le plan de l'écliptique de 1800 allait en diminuant progressivement de $8''$ sexagésimales par siècle, et que ses perturbations périodiques étaient insensibles. J'ai trouvé (Additions à la *Connaissance des Temps* pour 1844), par le développement algébrique des inégalités séculaires, que la diminution séculaire de l'obliquité n'était pas de $8''$, mais bien de $15''$. L'exemple que nous allons traiter devra nous faire retrouver ce nombre, et le confirmer. Il en sera effectivement ainsi, comme je l'ai indiqué dans le même volume de la *Connaissance des Temps*, mais sans donner aucun des nombres qui servent de base à cette détermination. Il est donc convenable et même nécessaire de les publier ici. Nous apprendrons, d'ailleurs, si l'on n'a pas négligé quelque perturbation périodique sensible, par la même cause qui avait fait trouver le mouvement séculaire trop faible de près de la moitié de sa véritable valeur.

19. Le mouvement en obliquité dépend de la formule

$$\frac{d\varphi}{dt} = - \frac{an}{\mu \sin \varphi \sqrt{1-e^2}} \frac{d\mathrm{R}}{d\vartheta} - \frac{an \, \tang \frac{\varphi}{2}}{\mu \sqrt{1-e^2}} \left(\frac{d\mathrm{R}}{d\varepsilon} + \frac{d\mathrm{R}}{d\varpi} \right),$$

dont l'acception est assez connue pour qu'elle n'ait pas besoin d'explication. Mais le second terme est très-petit; on peut se convaincre qu'il est négligeable, et nous le supprimerons.

On a de plus

$$\mathrm{R} = m' \, (r^2 + r'^2 - 2rr's)^{-\frac{1}{2}} - \frac{m'rs}{r'^2},$$

s étant le cosinus de l'angle que font entre eux les deux rayons vecteurs de la planète troublante et de la planète troublée.

On en déduit

$$\frac{d\varphi}{dt} = - \frac{anm'}{\mu \sin \varphi \sqrt{1-e^2}} \left[\frac{rr'}{(r^2 + r'^2 - 2rr's)^{\frac{3}{2}}} - \frac{r}{r'^2} \right] \frac{ds}{d\theta}.$$

Cette fonction est celle qu'il s'agit de développer.

Désignons par v et v' les longitudes vraies de Mercure et de Vénus. Si l'on a égard aux valeurs connues des éléments de ces deux planètes, et si l'on représente les coefficients, exprimés en secondes sexagésimales, par leurs logarithmes placés entre parenthèses, on trouvera

$$- \frac{anm'}{\mu \sin \varphi \sqrt{1-e^2}} \frac{ds}{d\theta} = \left[-(\bar{1},423.2607)\sin v + (\bar{2},831.2486)\cos v \right] \sin v'$$
$$+ \left[-(\bar{1},315.5019)\sin v + (\bar{1},053.2938)\cos v \right] \cos v'.$$

On a en outre pour la valeur abstraite de $2s$:

$$2s = \left[(0,299.9810) \sin v + (\bar{3},750.1071) \cos v \right] \sin v'$$
$$- \left[(\bar{3},132.8358) \sin v - (0,300.8245) \cos v \right] \cos v'.$$

Au moyen de ces expressions, on calculera aisément la valeur numérique de $\frac{d\varphi}{dt}$, quand on aura déterminé les longitudes vraies et les rayons vecteurs de Mercure et de Vénus pour leurs positions consécutives.

20. J'ai supposé que les longitudes moyennes consécutives des deux planètes différaient entre elles de l'angle $\alpha = 140°56'17'',6$.

N° Ier.

4

(**26**)

Le premier développement a été effectué par rapport aux sinus et aux cosinus des multiples des longitudes moyennes de Vénus. En sorte que dans le tableau suivant de toutes les valeurs numériques de la fonction $\frac{d\varphi}{dt}$ qui nous ont servi, la longitude de Mercure ne varie pas pour tous les nombres d'une même colonne verticale.

LONGITUDES moyennes de Vénus.	EXPRESSION EN SECONDES SEXAGÉSIMALES DES VALEURS NUMÉRIQUES DE LA FONCTION $\frac{d\varphi}{dt}$, POUR DES LONGITUDES DE MERCURE ÉGALES A						
	0α	1α	2α	3α	4α	5α	6α
0α			— 0,0623				
1α			— 0,0019				
2α			— 2,9306				
3α			— 0,2224		— 0,0782		
4α			— 0,0252		— 0,8412		
5α			0,0013		— 0,0057		
6α			— 0,0628		— 0,0257	— 0,0288	
7α	— 0,0202	— 0,0453	— 4,1710		— 0,1414	— 0,1433	— 0,0772
8α	0,0237	0,0852	— 0,2135		— 0,0737	— 0,0589	0,0776
9α	0,1065	0,5608	0,0681	— 0,0473	— 0,2455	0,1278	0,2707
10α	0,4073	0,0349	0,0282	0,0000	0,0108	0,5268	0,0340
11α	— 0,0453	— 0,0432	— 0,1222	— 0,0656	— 0,0469	— 0,0715	— 0,1738
12α	0,0343	— 0,0322	— 2,3912	— 0,0796	— 0,4118	— 0,0246	— 0,0750
13α	0,1461	0,0953	— 0,1829	— 0,3173	— 0,0626	0,0301	0,0996
14α	0,0875	0,7469	0,0830	— 0,0265	— 0,0440	0,1051	0,4300
15α	0,0293	0,0076	— 0,0926	— 0,0122	0,0196	— 0,0400	— 0,0003
16α	— 0,0654	— 0,0130	— 0,1723	— 0,1852	— 0,0641	— 0,1031	— 0,1145
17α	0,0762	0,0118	— 0,9593	— 0,0829	— 0,9926	0,0585	— 0,0491
18α	0,3487	0,0939	— 0,1329	— 0,1457	— 0,0465	0,1769	0,1029
19α	0,0589	0,5418	0,0550	— 0,0076	0,0010	0,0685	0,4461
20α	— 0,0975	— 0,0179	— 0,7299	— 0,0311	0,0130	— 0,3505	— 0,0333
21α	— 0,0683	0,0263	— 0,2069	— 0,3727	— 0,0748	— 0,1173	— 0,0359
22α	0,1024	0,1052	— 0,3142		— 1,5187	0,1088	0,0085
23α	0,6165	0,0823	— 0,0692		— 0,0174	0,3918	0,0913
24α			0,0041		— 0,0039	0,0234	
25α			— 2,6542		— 0,0239		
26α			— 0,2220		— 0,0783		
27α			— 0,0418		— 0,9286		
28α			— 0,0045				
29α			— 0,0565				
30α			— 4,2292				

21. Si toutes les colonnes de ce tableau étaient complètes, il s'y trouverait 217 nombres. Mais, conformément à l'importante remarque du § **17**, on a pu négliger 78 de ces nombres, ce qui abrége les calculs de moitié.

Chacune des colonnes verticales donne lieu à un système d'équations semblables aux équations (4). En résolvant ces différents systèmes comme nous l'avons indiqué, on obtient pour chacun d'eux les valeurs numériques des différents coefficients A_i et B_i dont la signification est donnée par les formules (3). On trouvera ces valeurs dans le tableau suivant. Elles sont exprimées en secondes sexagésimales, et l'on n'a négligé que ceux des coefficients dont la valeur absolue serait au-dessous de $0'',005$.

VALEURS de l'indice i.	EXPRESSION, EN SECONDES SEXAGÉSIMALES, DES COEFFICIENTS A_i ET B_i, POUR LES DIFFÉRENTES VALEURS DE i, ET POUR DES LONGITUDES MOYENNES DE MERCURE ÉGALES A							
	0α		1α		2α		3α	
	A_i	B_i	A_i	B_i	A_i	B_i	A_i	B_i
0	0,000	0,109	0,000	0,119	0,000	— 0,551	0,000	— 0,121
1	— 0,037	0,142	0,030	— 0,156	0,860	0,002	— 0,113	— 0,070
2	— 0,005	0,212	0,006	0,195	— 0,153	0,859	— 0,135	0,066
3	— 0,050	0,123	0,027	— 0,120	— 0,623	— 0,100	— 0,008	0,077
4	— 0,055	0,057	— 0,034	0,065	0,057	— 0,439	0,029	0,023
5	— 0,042	0,018	0,029	— 0,031	0,302	0,030	0,016	— 0,006
6	— 0,026	0,001	— 0,021	0,012	— 0,014	0,205	0,002	— 0,007
7	— 0,013	— 0,005	0,013	— 0,003	— 0,138	— 0,006		
8	— 0,006	— 0,006	— 0,007	— 0,000	— 0,003	— 0,085		
9					0,058	— 0,006		
10					0,010	0,039		
11					— 0,027	0,005		
12					— 0,005	— 0,017		
13					0,017	— 0,005		
14					0,001	0,010		
15					— 0,008	— 0,004		

4..

VALEURS de l'indice i.	SUITE DES VALEURS DE A_i ET B_i POUR LES LONGITUDES MOYENNES DE MERCURE,					
	4α		5α		6α	
	A_i	B_i	A_i	B_i	A_i	B_i
0	0,000	— 0,204	0,000	0,044	0,000	0,054
1	0,204	0,243	— 0,012	0,071	0,020	— 0,066
2	— 0,315	— 0,012	— 0,009	0,235	— 0,001	0,166
3	0,180	— 0,135	— 0,099	0,124	0,055	— 0,087
4	— 0,039	0,151	— 0,099	0,024	— 0,051	0,024
5	— 0,043	— 0,096	— 0,056	— 0,025	0,031	0,006
6	0,062	0,032	— 0,018	— 0,032	— 0,013	— 0,012
7	— 0,046	0,009	0,003	— 0,022	0,003	0,009
8	0,020	— 0,024	0,009	— 0,009	— 0,002	— 0,005
9	— 0,000	0,021	0,008	— 0,001		
10	— 0,007	— 0,009				
11	0,007	— 0,001				
12	— 0,004	0,005				

22. Reprenons actuellement la première des équations (3). En désignant par ζ la longitude moyenne de Mercure, et en ayant égard aux six premiers termes périodiques, exactitude suffisante et qu'on peut obtenir au moyen des tableaux qui précèdent, cette équation pourra s'écrire comme il suit :

$$\left.\begin{array}{l}(0, 1)\sin\zeta + (0, 2)\sin 2\zeta + (0, 3)\sin 3\zeta \\ + [0, 0] + [0, 1]\cos\zeta + [0, 2]\cos 2\zeta + [0, 3]\cos 3\zeta\end{array}\right\} = B_0.$$

On connaît l'expression de son second membre pour les sept valeurs

$$\zeta = 0, \quad \zeta = \alpha, \quad \zeta = 2\alpha, \quad \zeta = 3\alpha,$$
$$\zeta = 4a, \quad \zeta = 5\alpha, \quad \zeta = 6\alpha.$$

On obtiendra donc ses coefficients suivant ce qui a été dit au § 15. On trouvera

$$[0, 0] = -\ 0'',150$$
$$(0,\ 1) = \ 0'',248, \quad [0, 1] = \ 0'',031,$$
$$(0,\ 2) = -\ 0'',082, \quad [0, 2] = \ 0'',217,$$
$$(0,\ 3) = \ 0'',008, \quad [0, 3] = \ 0'',011.$$

La variation séculaire de l'obliquité est égale à $100\,[0, 0] = -\ 15'',0$. On retombe donc ainsi sur la diminution de $15''$ par siècle, ainsi que nous l'avions annoncé.

23. Il nous resterait à résoudre les systèmes fournis par les deux dernières des équations (3), quand on attribue à l'indice i les différentes valeurs $1, 2, 3,\ldots$, et en nous proposant de déterminer les perturbations périodiques de l'obliquité. Mais toutes ces perturbations sont insensibles. On s'en convaincra aisément par la considération des nombres qui précèdent, et par celle de la grandeur des diviseurs introduits par l'intégration de l'expression de $\frac{d\varphi}{dt}$. Il serait donc sans intérêt de s'y arrêter.

NOUVELLES TABLES DES QUANTITÉS $b_s^{(i)}$

ET DE LEURS DÉRIVÉES.

1. Le développement de la fonction perturbatrice peut se former par des interpolations, ou par la recherche de l'expression algébrique de chacun de ses coefficients. Je me suis occupé de la première méthode dans l'article précédent. Dans celui-ci, j'examinerai si les tables, qui servent de base à l'emploi de la seconde méthode, ont été construites sur des formules susceptibles d'une exactitude suffisante. Après avoir reconnu qu'elles laissent beaucoup à désirer sous ce rapport, j'indiquerai pour leur formation un moyen simple et précis, dont je déduirai les nouvelles tables [*].

La fonction dont nous avons à considérer le développement est la suivante :

$$(1 + \alpha^2 - 2\alpha \cos \theta)^{-s}.$$

θ est un angle qui dépend des positions respectives des planètes. α est le rapport des demi-grands axes de deux des orbites; on peut toujours le supposer plus petit que l'unité. Enfin s est égal à l'un des nombres $\frac{1}{2}$, $\frac{3}{2}$, $\frac{5}{2}$, etc..... L'expression ci-dessus est donc irrationnelle; et on peut seulement la réduire en une série indéfinie, qui, dans la théorie des planètes, doit procéder suivant les cosinus des multiples de l'angle θ.

---

[*] Les tables que nous possédons sont dues à l'habile astronome qui a calculé la *Mécanique céleste*. Elles sont donc, sans nul doute, une déduction rigoureuse des formules qu'il a employées, et qui se trouvent dans le premier volume de cet ouvrage. Aussi n'ai-je pas eu la prétention de revoir le travail de M. Bouvard. En reconnaissant que plusieurs nombres, dont j'avais besoin, n'étaient pas suffisamment approchés, je n'ai pas songé à vérifier les calculs qui les avaient fournis. J'ai dû en changer la marche.

Posons, suivant la notation de la *Mécanique céleste*,

$$(1 + \alpha^2 - 2\alpha \cos \theta)^{-s}$$
$$= \tfrac{1}{2} b_s^{(o)} + b_s^{(1)} \cos\theta + b_s^{(2)} \cos 2\theta + \ldots + b_s^{(i)} \cos i\theta + \ldots$$

Les coefficients $b_s^{(o)}$, $b_s^{(1)}$, $b_s^{(2)}$, ..., $b_s^{(i)}$ sont des fonctions de α. On a besoin de calculer leurs valeurs, ainsi que celles de leurs dérivées, prises par rapport à la variable α qu'elles renferment.

2. On peut y parvenir de plusieurs manières : soit au moyen d'intégrales définies simples, soit en réduisant la valeur de $b_s^{(i)}$ en une série procédant suivant les puissances croissantes de α^2. On trouve, dans le troisième volume de la *Mécanique céleste*, page 70, que la valeur de $b_s^{(i)}$ est ainsi :

$$(1) \quad b_s^{(i)} = 2 \frac{s(s+1)(s+2)\ldots(s+i-1)}{1.2.3\ldots i} \alpha^i \left\{ \begin{aligned} &1 + \frac{s}{1}\frac{s+i}{i+1} \alpha^2 + \frac{s(s+1)}{1.2} \frac{(s+i)(s+i+1)}{(i+1)(i+2)} \alpha^4 + \ldots \\ &+ \frac{s(s+1)\ldots(s+n-1)}{1.2\ldots n} \times \frac{(s+i)(s+i+1)\ldots(s+i+n-1)}{(i+1)(i+2)\ldots(i+n)} \alpha^{2n} \\ &+ \ldots\ldots\ldots\ldots\ldots\ldots\ldots\ldots\ldots\ldots \end{aligned} \right\}$$

En différentiant cette série par rapport à α plusieurs fois de suite, et multipliant les résultats par α, α^2, ..., on formera d'autres séries pour calculer les valeurs de $\alpha \dfrac{d b_s^{(i)}}{d\alpha}$, $\alpha^2 \dfrac{d^2 b_s^{(i)}}{d\alpha^2}$, $\alpha^3 \dfrac{d^3 b_s^{(i)}}{d\alpha^3}$, ... Ces expressions sont celles qui se présentent dans le calcul des inégalités, soit périodiques, soit séculaires.

Toutes ces séries sont convergentes, et si leurs termes décroissaient assez rapidement, elles seraient aisément réductibles en nombres. Comme cette condition n'est pas remplie au même degré, suivant la valeur qu'on attribue à s, nous examinerons d'abord le cas où l'on suppose $s = \tfrac{1}{2}$; nous occupant ainsi du calcul des coefficients $b_{\frac{1}{2}}^{(o)}$, $b_{\frac{1}{2}}^{(1)}$, ..., $b_{\frac{1}{2}}^{(i)}$ et de celui de leurs dérivées prises par rapport à α.

3. Les coefficients de la série qui donne $b_{\frac{1}{2}}^{(i)}$ vont en décroissant. α est une fraction dont la valeur est au plus égale à 0,723 (*Théorie de*

Vénus et de la Terre). Par ce double motif, les valeurs numériques des termes de la série $b_{\frac{1}{2}}^{(i)}$ vont toujours en décroissant assez rapidement pour que son emploi donne aisément l'exactitude dont on a besoin. Mais il en est tout autrement dans les séries qui fournissent $\alpha \dfrac{db_{\frac{1}{2}}^{(i)}}{d\alpha}$, $\alpha^2 \dfrac{d^2 b_{\frac{1}{2}}^{(i)}}{d\alpha^2}$, ... Les différentiations font que leurs coefficients vont en grandissant énormément, et il devient impossible de les employer directement, à moins que α ne soit une très-petite quantité.

Lorsque α n'est pas très-petit, Laplace suppose qu'après avoir déterminé directement, par l'emploi des séries, les quantités $b_{\frac{1}{2}}^{(0)}$ et $b_{\frac{1}{2}}^{(1)}$, on en déduise celles qui répondent à des indices plus élevés par la formule

$$(2) \qquad b_{\frac{1}{2}}^{(i+1)} = \frac{i}{i+\frac{1}{2}}\left(\alpha + \frac{1}{\alpha}\right) b_{\frac{1}{2}}^{(i)} - \frac{i-\frac{1}{2}}{i+\frac{1}{2}} b_{\frac{1}{2}}^{(i-1)}.$$

Il donne ensuite, pour calculer les dérivées du premier ordre, la relation

$$(3) \qquad \alpha \frac{db_{\frac{1}{2}}^{(i)}}{d\alpha} = \frac{i+(i+1)\alpha^2}{1-\alpha^2} b_{\frac{1}{2}}^{(i)} - \frac{(2i+1)\alpha}{1-\alpha^2} b_{\frac{1}{2}}^{(i+1)};$$

et en différentiant cette équation, on passe aux dérivées des ordres supérieurs.

Mais cette méthode conduit inévitablement à de grandes erreurs; et parmi les coefficients qu'elle a fournis, et dont on trouve les valeurs numériques dans le troisième volume de la *Mécanique céleste*, depuis la page 66 jusqu'à la page 85, il s'en rencontre plusieurs qui ne sont pas suffisamment exacts. Cet inconvénient de la marche suivie par la *Mécanique céleste* n'échappa pas à Legendre, et il se proposa d'y remédier dans un travail, remarquable par l'élégance des formules qui servent à déterminer les dérivées des divers ordres. (Voir le *Traité des fonctions elliptiques*, deuxième volume, page 531.)

4. Les deux premières formules de Legendre, pour le cas où s est

fractionnaire, se réduisent à la série (1) quand $s = \frac{1}{2}$. Cet illustre géomètre en déduit, par la méthode des coefficients indéterminés, la série suivante, procédant suivant les puissances de $\mathfrak{S}^2 = \frac{\alpha^2}{1-\alpha^2}$, s étant d'ailleurs quelconque,

$$(4) \quad b_s^{(i)} = 2 \cdot \frac{s(s+1)\ldots(s+i-1)}{1 \cdot 2 \ldots i} \cdot \frac{\alpha^i}{(1-\alpha^2)^s} \left\{ \begin{array}{l} 1 + \frac{s-1}{1} \cdot \frac{s}{i+1} \mathfrak{S}^2 \\[2mm] + \frac{(s-1)(s-2)}{1 \cdot 2} \cdot \frac{s(s+1)}{(i+1)(i+2)} \mathfrak{S}^4 \\[2mm] + \text{etc.} \ldots \ldots \ldots \ldots \end{array} \right\} .$$

Cette série, ainsi que le remarque l'auteur, n'est propre au calcul de la quantité $b_s^{(i)}$ que lorsque l'indice (i) est considérable; elle ne saurait seule donner les coefficients les plus importants, ceux qui répondent aux plus petites valeurs de l'indice (i). Aussi, lorsque α n'est pas très-petit, et qu'on ne veut recourir ni aux quadratures, ni aux fonctions elliptiques, Legendre n'indique aucun autre procédé, sinon de calculer deux coefficients correspondants à des indices très-élevés par la formule (4), puis d'en déduire les coefficients précédents par une formule analogue à l'équation (2).

Mais cette marche elle-même est sujette à un grave inconvénient. Les coefficients $b_s^{(i)}$ vont en diminuant en valeur absolue à mesure que l'indice (i) augmente; il est cependant nécessaire de les obtenir avec autant de figures qu'on en veut conserver dans $b_s^{(0)}$ et $b_s^{(1)}$; et par là on est conduit à déterminer la plupart des coefficients avec une exactitude bien supérieure à celle qu'ils réclament isolément. On retombe donc à peu près dans l'inconvénient qu'on voulait éviter. Car en donnant à $b_s^{(0)}$ et $b_s^{(1)}$ plus d'exactitude qu'ils n'en demandent eux-mêmes, on pourrait les employer au calcul des coefficients d'indice supérieur.

Le calcul des coefficients $b_s^{(i)}$ est donc peu simplifié par les formules de Legendre. Le calcul de leurs dérivées, prises par rapport à α, est au contraire devenu aussi élégant et aussi symétrique qu'on puisse le désirer, par les formules qu'il développe dans le § IV de ses recherches. Ces formules supposent toutefois qu'avant de calculer une dérivée d'un certain ordre, on ait, au préalable, déterminé les dérivées des ordres précédents pour plusieurs valeurs de l'indice (i). Je me propose de montrer ici qu'on peut employer exclusivement la série (1) au calcul *direct* de celui des coefficients $b_x^{(i)}$ qu'on veut obtenir ; et que les séries qu'on en déduit par la différentiation par rapport à α, peuvent donner aussi *directement*, avec une grande rapidité, les valeurs des diverses dérivées de ce coefficient. Chacune des quantités à calculer sera déterminée indépendamment des autres. Les relations connues telles que les équations (2), (3), qui existent entre ces quantités, ne seront plus que des équations de condition qui serviront de vérification. Et il est essentiel de remarquer que ces conditions ne vérifieront qu'imparfaitement les coefficients qui s'y trouvent affectés des indices de rang et de dérivation les plus élevés. Aussi ne peuvent-elles servir à les calculer.

5. On obtient aisément les avantages que je viens d'indiquer en changeant la série (1) et ses dérivées en d'autres séries ordonnées, complétement ou seulement dans une partie de leur cours, par rapport aux puissances de 6^2, comme la série (4) de Legendre, à qui revient ainsi l'idée première de ces transformations. M. Poncelet en a fait l'emploi le plus avantageux dans un travail lu à l'Académie des Sciences en 1833, sur le calcul numérique des séries, et la détermination des limites de leurs restes. Le savant auteur de ces recherches n'en a indiqué aucune application au cas où tous les termes d'une série sont positifs, comme cela a lieu dans la série (1). Il en existe une de la plus haute importance pour la *Mécanique céleste*, ainsi qu'on en jugera.

6. Considérons une série, procédant suivant les puissances ascendantes du carré d'une variable α plus petite que l'unité, et soit

$$f(\alpha) = \alpha^i (A_0 + A_1 \alpha^2 + A_2 \alpha^4 + A_3 \alpha^6 + \ldots + A_n \alpha^{2n} + \ldots).$$

On peut l'écrire identiquement sous la forme suivante,

$$\begin{aligned}
f(\alpha) = \quad & A_0 \, \alpha^i (1 + \alpha^2 + \alpha^4 + \ldots) \\
+ \, & (A_1 - A_0)\alpha^i(\alpha^2 + \alpha^4 + \alpha^6 + \ldots) \\
+ \, & (A_2 - A_1)\alpha^i(\alpha^4 + \alpha^6 + \alpha^8 + \ldots) \\
+ \, & (A_3 - A_2)\alpha^i(\alpha^6 + \alpha^8 + \alpha^{10} + \ldots) \\
+ \, & \text{etc.} \ldots \ldots \ldots \ldots \ldots \ldots \ldots
\end{aligned}$$

dont la loi est évidente, et qu'on vérifiera en développant les produits dans le second membre. Cette expression donnera, en sommant les progressions géométriques qui s'y trouvent,

$$f(\alpha) = \frac{A_0 \alpha^i}{1-\alpha^2} + \frac{\alpha^{i+2}}{1-\alpha^2} \{(A_1 - A_0) + (A_2 - A_1)\alpha^2 + (A_3 - A_2)\alpha^4 + \ldots\}.$$

Posons, pour simplifier l'écriture,

$$\frac{\alpha^2}{1-\alpha^2} = \mathfrak{G}^2,$$

$$
\begin{array}{lll}
A_1 - A_0 = \partial A_0 & \partial A_1 - \partial A_0 = \partial^2 A_0 & \partial^2 A_1 - \partial^2 A_0 = \partial^3 A_0 \\
A_2 - A_1 = \partial A_1 & \partial A_2 - \partial A_1 = \partial^2 A_1 & \partial^2 A_2 - \partial^2 A_1 = \partial^3 A_1 \\
A_3 - A_2 = \partial A_2 & \partial A_3 - \partial A_2 = \partial^2 A_2 & \text{etc.} \ldots \ldots \\
A_4 - A_3 = \partial A_3 & \text{etc.} \ldots \ldots \\
\text{etc.} \ldots \ldots
\end{array}
$$

et ainsi la valeur de la série $f(\alpha)$ deviendra

$$f(\alpha) = A_0 \alpha^{i-2} \mathfrak{G}^2 + \alpha^i \mathfrak{G}^2 (\partial A_0 + \partial A_1 \alpha^2 + \partial A_2 \alpha^4 + \partial A_3 \alpha^6 + \ldots).$$

Nous pouvons actuellement faire subir à la quantité entre parenthèses, qui se trouve dans le second membre, la même transformation que nous venons d'opérer sur la série proposée, et nous trouverons

$$\alpha^i \left(\partial A_0 + \partial A_1 \alpha^2 + \partial A_2 \alpha^4 + \partial A_3 \alpha^6 + \ldots \right)$$
$$= \partial A_0 \alpha^{i-2} \mathfrak{G}^2 + \alpha^i \mathfrak{G}^2 (\partial^2 A_0 + \partial^2 A_1 \alpha^2 + \partial^2 A_2 \alpha^4 + \partial^2 A_3 \alpha^6 + \ldots).$$

Nous obtiendrions semblablement

$$\alpha^i \left(\partial^2 A_0 + \partial^2 A_1 \alpha^2 + \partial_2 A^2 \alpha^4 + \partial^2 A_3 \alpha^6 + \ldots \right)$$
$$= \partial^2 A_0 \alpha^{i-2} \mathfrak{G}^2 + \alpha^i \mathfrak{G}^2 (\partial^3 A_0 + \partial^3 A_1 \alpha^2 + \partial^3 A_2 \alpha^4 + \partial^3 A_3 \alpha^6 + \ldots),$$

et ainsi de suite.

Au moyen de ces expressions, et des analogues qui s'en déduiraient en augmentant l'indice des différences d'une ou de plusieurs unités, on peut obtenir la valeur de $f(\alpha)$ en série, sous une infinité de formes dont la loi se trace nettement dans les suivantes :

$$(5)\begin{cases} f(\alpha) = \alpha^i\ (A_0 + A_1\,\alpha^2\ + A_2\,\alpha^4 + A_3\,\alpha^6 +\ldots+ A_n\,\alpha^{2n} + \ldots), \\[4pt] f(\alpha) = A_0\,\alpha^{i-2}\,\beta^2 + \alpha^i\,\beta^2\,(\partial A_0 + \partial A_1\,\alpha^2 + \partial A_2\,\alpha^4 +\ldots+ \partial A_n\,\alpha^{2n} + \ldots), \\[4pt] f(\alpha) = A_0\,\alpha^{i-2}\,\beta^2 + \partial A_0\,\alpha^{i-2}\,\beta^4 \\[2pt] \qquad\qquad + \alpha^i\,\beta^4(\partial^2 A_0 + \partial^2 A_1\,\alpha^2 + \partial^2 A_2\,\alpha^4 +\ldots+ \partial^2 A_n\,\alpha^{2n} + \ldots), \\[4pt] f(\alpha) = A_0\,\alpha^{i-2}\,\beta^2 + \partial A_0\,\alpha^{i-2}\,\beta^4 + \partial^2 A_0\,\alpha^{i-2}\,\beta^6 \\[2pt] \qquad\qquad + \alpha^i\,\beta^6(\partial^3 A_0 + \partial^3 A_1\,\alpha^2 + \partial^3 A_2\,\alpha^4 +\ldots+ \partial^3 A_n\,\alpha^{2n} + \ldots), \\[4pt] \ldots\ldots\ldots\ldots\ldots\ldots\ldots\ldots\ldots\ldots \end{cases}$$

La dernière de ces expressions, celle qui résulterait d'une infinité de transformations telles que nous venons de les indiquer, serait

$$f(\alpha) = \alpha^{i-2}\,\beta^2(A_0 + \partial A_0\,\beta^2 + \partial^2 A_0\,\beta^4 + \partial^3 A_0\,\beta^6 +\ldots+ \partial^n A_0\,\beta^{2n} + \ldots).$$

Dans chaque cas particulier on adoptera celle de ces séries dont les coefficients décroîtront avec le plus de rapidité. Rarement ce sera la dernière, procédant suivant les puissances de β^2, qu'il faudra conserver. Appliquons les formules précédentes au calcul des coefficients $b_r^{(i)}$ et de leurs dérivées, en commençant par le cas où $s = \frac{1}{2}$.

7. Je remarquerai d'abord que la série qui donne $b_{\frac{1}{2}}^{(i)}$ n'a, à la rigueur, besoin d'aucune transformation ; elle est calculable immédiatement. Laplace ramène, il est vrai, le calcul de $b_{\frac{1}{2}}^{(o)}$ et $b_{\frac{1}{2}}^{(1)}$ à celui de $b_{-\frac{1}{2}}^{(o)}$ et $b_{-\frac{1}{2}}^{(1)}$; mais il avait certainement en vue la grande exactitude qu'il fallait donner à celles des quantités qui devaient servir de bases aux autres. Cette exactitude devient inutile quand chaque nombre se calcule isolément ; il n'est alors besoin que de lui donner l'approximation qui lui convient spécialement. On pourrait toutefois appliquer à la série qui donne $b_{\frac{1}{2}}^{(i)}$ les transformations ci-dessus ; on trouverait des séries plus convergentes que la série (1), et ainsi plus propres aux réductions en nombres.

Lorsqu'on fait subir les transformations indiquées par les formules (5), aux expressions en séries de $\alpha \dfrac{db_{\frac{1}{2}}^{(i)}}{d\alpha}$, $\alpha^2 \dfrac{d^2 b_{\frac{1}{2}}^{(i)}}{d\alpha^2}$, $\alpha^3 \dfrac{d^3 b_{\frac{1}{2}}^{(i)}}{d\alpha^3}$, ..., on reconnaît que les premières différences des coefficients de la série $\alpha \dfrac{db_{\frac{1}{2}}^{(i)}}{d\alpha}$ sont très-petites ; que les secondes différences des coefficients de la série $\alpha^2 \dfrac{d^2 b_{\frac{1}{2}}^{(i)}}{d\alpha^2}$ sont aussi très-petites ; et qu'en général, le coefficient $\alpha^n \dfrac{d^n b_{\frac{1}{2}}^{(i)}}{d\alpha^n}$ sera donné avec une grande rapidité par celle des séries qui dépend des différences de l'ordre n prises entre les coefficients de la série primitive. Mais, soit qu'on veuille exécuter ces transformations sous forme algébrique, soit qu'on veuille les effectuer sur les séries numériques elles-mêmes pour la réduction en nombres, on simplifiera beaucoup les calculs par cette considération qu'il se trouve six séries à calculer, dérivant l'une de l'autre par la différentiation. Il ne faudra guère plus d'opérations, en effet, pour former ces séries simultanément qu'il ne serait nécessaire d'en effectuer pour obtenir à part la série correspondante au dernier coefficient $\alpha^5 \dfrac{d^5 b_{\frac{1}{2}}^{(i)}}{d\alpha^5}$.

8. Posons

$$b_{\frac{1}{2}}^{(i)} = A^0 \alpha^i + A_1 \alpha^{i+2} + A_2 \alpha^{i+4} + \ldots + A_n \alpha^{i+2n} + \ldots,$$

$$\alpha \frac{db_{\frac{1}{2}}^{(i)}}{d\alpha} = B_0 \alpha^i + B_1 \alpha^{i+2} + B_2 \alpha^{i+4} + \ldots + B_n \alpha^{i+2n} + \ldots,$$

$$\alpha^2 \frac{d^2 b_{\frac{1}{2}}^{(i)}}{d\alpha^2} = C_0 \alpha^i + C_1 \alpha^{i+2} + C_2 \alpha^{i+4} + \ldots + C_n \alpha^{i+2n} + \ldots,$$

$$\alpha^3 \frac{d^3 b_{\frac{1}{2}}^{(i)}}{d\alpha^3} = D_0 \alpha^i + D_1 \alpha^{i+2} + D_2 \alpha^{i+4} + \ldots + D_n \alpha^{i+2n} + \ldots,$$

$$\alpha^4 \frac{d^4 b^{(i)}_{\frac{1}{2}}}{d\alpha^4} = E_0 \alpha^i + E_1 \alpha^{i+2} + E_2 \alpha^{i+4} + \ldots + E_n \alpha^{i+2n} + \ldots,$$

$$\alpha^5 \frac{d^5 b^{(i)}_{\frac{1}{2}}}{d\alpha^5} = F_0 \alpha^i + F_1 \alpha^{i+2} + F_2 \alpha^{i+4} + \ldots + F_n \alpha^{i+2n} + \ldots$$

Les valeurs numériques de A_0, A_1, A_2,..., sont connues; les valeurs de B_0, B_1, B_2,..., C_0, C_1, C_2, etc.,..., s'en déduisent en les multipliant par des nombres entiers fort simples. Les séries très-convergentes par lesquelles il faudra remplacer celles que nous venons d'écrire, sont, d'après ce que nous avons expliqué plus haut,

$$b^{(i)}_{\frac{1}{2}} = \alpha^i (A_0 + A_1 \alpha^2 + A_2 \alpha^4 + \ldots + A_n \alpha^{2n} + \ldots),$$

$$\alpha \frac{d b^{(i)}_{\frac{1}{2}}}{d\alpha} = B_0 \alpha^{i-2} \varepsilon^2 + \alpha^i \varepsilon^2 (\partial B_0 + \partial B_1 \alpha^2 + \partial B_2 \alpha^4 + \ldots + \partial B_n \alpha^{2n} + \ldots),$$

$$\alpha^2 \frac{d^2 b^{(i)}_{\frac{1}{2}}}{d\alpha^2} = \alpha^{i-2} (C_0 \varepsilon^2 + \partial C_0 \varepsilon^4) + \alpha^i \varepsilon^4 (\partial^2 C_0 + \partial^2 C_1 \alpha^2 + \ldots + \partial^2 C_n \alpha^{2n} + \ldots),$$

$$\alpha^3 \frac{d^3 b^{(i)}_{\frac{1}{2}}}{d\alpha^3} = \alpha^{i-2} (D_0 \varepsilon^2 + \partial D_0 \varepsilon^4 + \partial^2 D_0 \varepsilon^6)$$
$$+ \alpha^i \varepsilon^6 (\partial^3 D_0 + \partial^3 D_1 \alpha^2 + \ldots + \partial^3 D_n \alpha^{2n} + \ldots),$$

$$\alpha^4 \frac{d^4 b^{(i)}_{\frac{1}{2}}}{d\alpha^4} = \alpha^{i-2} (E_0 \varepsilon^2 + \partial E_0 \varepsilon^4 + \partial^2 E_0 \varepsilon^6 + \partial^3 E_0 \varepsilon^8)$$
$$+ \alpha^i \varepsilon^8 (\partial^4 E_0 + \partial^4 E_1 \alpha^2 + \ldots + \partial^4 E_n \alpha^{2n} + \ldots),$$

$$\alpha^5 \frac{d^5 b^{(i)}_{\frac{1}{2}}}{d\alpha^5} = \alpha^{i-2} (F_0 \varepsilon^2 + \partial F_0 \varepsilon^4 + \partial^2 F_0 \varepsilon^6 + \partial^3 F_0 \varepsilon^8 + \partial^4 F_0 \varepsilon^{10})$$
$$+ \alpha^i \varepsilon^{10} (\partial^5 F_0 + \partial^5 F_1 \alpha^2 + \ldots + \partial^5 F_n \alpha^{2n} + \ldots).$$

Si les séries primitives étaient formées, on en déduirait les suivantes par des calculs qui se compliqueraient un peu pour les dérivées des ordres supérieurs. On n'aurait à former qu'une seule différence des coefficients B_0, B_1,..., mais il faudait en calculer deux des coefficients C_0, C_1,..., trois des coefficients D_0, D_1,..., et ainsi de suite. On peut éviter cette multiplicité des opérations, et obtenir immédiatement avec simplicité les coefficients mêmes des séries transformées, sans passer par les calculs que nous venons d'indiquer, et en n'employant que les

N° II.   6 valeurs numériques des coefficients de la première des séries primitives. On fera usage des formules suivantes qu'on retrouvera aisément en ayant recours aux rapports qui existent entre les coefficients A, B, C, D, E, F : *dans ces formules, chaque résultat est un des coefficients cherchés;* en sorte qu'on n'en pourrait trouver de plus simples :

$$1°.$$

$$B_0 = iA_0,$$
$$\partial B_0 = (i + 2) A_1 - iA_0,$$
$$\partial B_1 = (i + 4) A_2 - (i + 2) A_1,$$
$$\partial B_2 = (i + 6) A_3 - (i + 4) A_2,$$

$$\cdots$$

$$\partial B_n = (i + 2n + 2) A_{n+1} - (i + 2n) A_n;$$

$$2°.$$

$$C_0 = (i - 1) B_0,$$
$$\partial C_0 = (i + 1) \partial B_0 + 2 B_0,$$
$$\partial^2 C_0 = (i + 3) \partial B_1 - (i - 1) \partial B_0,$$
$$\partial^2 C_1 = (i + 5) \partial B_2 - (i + 1) \partial B_1,$$

$$(6)$$

$$\cdots$$

$$\partial^2 C_n = (i + 2n + 3) \partial B_{n+1} - (i + 2n - 1) \partial B_n;$$

$$3°.$$

$$D_0 = (i - 2) C_0,$$
$$\partial D_0 = i \partial C_0 + 2 C_0,$$
$$\partial^2 D_0 = (i + 2) \partial^2 C_0 + 4 \partial C_0,$$
$$\partial^3 D_0 = (i + 4) \partial^2 C_1 - (i - 2) \partial^2 C_0,$$
$$\partial^3 D_1 = (i + 6) \partial^2 C_2 - i \partial^2 C_1,$$

$$\cdots$$

$$\partial^3 D_n = (i + 2n + 4) \partial^2 C_{n+1} - (i + 2n - 2) \partial^2 C_n,$$
etc. , etc.

La loi de ces formules est assez évidente pour que nous puissions nous dispenser d'écrire les suivantes.

9. On remarquera sans doute que dans la formation des différences il se trouve des multiplicateurs qui s'élèvent de plus en plus à mesure qu'on prend un plus grand nombre de termes de la série. Il est essentiel de faire voir qu'il n'en résulte pas ici des inconvénients analogues à ceux que nous avons signalés dans l'emploi des formules (2) et (3) et de leurs analogues. Cela provient de ce qu'en réalité on n'aura besoin que d'un très-petit nombre des premiers termes des séries, et de ce que ces termes peuvent se calculer avec l'exactitude désirable, sans difficulté. On en demeurera convaincu à la seule inspection des formules suivantes, qui feront d'ailleurs, mieux que toute discussion, apprécier l'avantage qu'il y aura à les employer.

J'ai trouvé

$$\alpha^2 \frac{d^2 b_{\frac{1}{2}}^{(1)}}{d\alpha^2} = 2,25000\,\alpha\beta^2$$
$$+ \alpha\beta^4 \left\{ \begin{array}{l} 2,43750 + 0,05273\,\alpha^2 + 0,02197\,\alpha^4 + 0,01121\,\alpha^6 \\ \hphantom{2,43750} + 0,0065\ \alpha^8 + 0,0041\ \alpha^{10} + \ldots\ldots\ \ldots \end{array} \right\},$$

$$\alpha^3 \frac{d^3 b_{\frac{1}{2}}^{(1)}}{d\alpha^3} = 2,250\,\alpha\beta^2 + 11,812\,\alpha\beta^4$$
$$+ \alpha\beta^6 \left(10,014 + 0,101\,\alpha^2 + 0,035\alpha^4 + 0,015\,\alpha^6 + \ldots\ldots \right),$$

$$\alpha^4 \frac{d^4 b_{\frac{1}{2}}^{(1)}}{d\alpha^4} = 28,12\,\alpha^3\beta^2 + 115,43\,\alpha^3\beta^4 + 147,99\alpha^3\beta^6$$
$$+ \alpha^3\beta^8 \left(60,97 + 0,08\,\alpha^2 + \ldots\ldots\ldots\ldots\ldots\ldots \right).$$

Ces formules, même dans la théorie de Vénus et de la Terre, pour laquelle $\alpha = 0,723332$, font connaître 5 chiffres des coefficients qu'elles représentent, ce qui est plus que suffisant. On trouvera, en particulier,

$$\alpha^4 \frac{d^4 b_{\frac{1}{2}}^{(1)}}{d\alpha^4} = 171,78,$$

au moyen des cinq premiers termes de la troisième des séries précé-

6..

dentes. Et ainsi l'on obtient en quelques instants ce coefficient, sans passer par les dérivées des ordres inférieurs.

10. Les formules (6), propres à la transformation rapide des séries numériques, sont également commodes pour leur transformation sous forme algébrique. Considérons, pour en donner quelques exemples, la série qui fournit $b_{\frac{1}{2}}^{(0)}$ et ses dérivées, et qui est

$$b_{\frac{1}{2}}^{(0)} = 2 + 2 \left(\frac{1}{2} \right)^2 \alpha^2 + 2 \left(\frac{1}{2} \cdot \frac{3}{4} \right)^2 \alpha^4$$
$$+ 2 \left(\frac{1}{2} \cdot \frac{3}{4} \cdot \frac{5}{6} \right)^2 \alpha^6 + \ldots + 2 \left(\frac{1}{2} \cdot \frac{3}{4} \cdot \frac{5}{6} \cdots \frac{2n-1}{2n} \right) \alpha^{2n} + \ldots$$

On a, conformément à la notation ci-dessus,

$$A_n = 2 \left(\frac{1}{2} \cdot \frac{3}{4} \cdot \frac{5}{6} \cdots \frac{2n-1}{2n} \right)^2,$$

et l'on en déduit, par l'emploi des formules (6) et par des calculs que je ne développerai pas,

$$\partial B_n = A_n \times \frac{1}{2(n+1)},$$
$$\partial^2 C_n = \partial B_n \, \frac{10n+11}{4(n+1)(n+2)},$$
$$\text{etc.} \ldots \ldots \ldots \ldots$$

Les séries transformées et très-convergentes qui feront connaître $b_{\frac{1}{2}}^{(0)}$, $\alpha \, \dfrac{d\,b_{\frac{1}{2}}^{(0)}}{d\alpha}, \ldots$, seront ainsi

$$b_{\frac{1}{2}}^{(0)} = 2 \left\{ 1 + \sum_1^\infty \left(\frac{1}{2} \cdot \frac{3}{4} \cdots \frac{2n-1}{2n} \right)^2 \alpha^{2n} \right\},$$
$$\alpha \, \frac{db_{\frac{1}{2}}^{(0)}}{d\alpha} = 6^2 \left\{ 1 + \sum_1^\infty A_n \times \frac{1}{2(n+1)} \alpha^{2n} \right\},$$
$$\alpha^2 \frac{d^2 b_{\frac{1}{2}}^{(0)}}{d\alpha^2} = 6^4 \left\{ \frac{1}{\alpha^2} + \frac{11}{8} + \sum_1^\infty \partial B_n \times \frac{10n+11}{4(n+1)(n+2)} \alpha^{2n} \right\},$$
$$\text{etc. , etc.} \ldots \ldots \ldots \ldots \ldots \ldots$$

le signe $\sum_{1}^{\infty}$ indiquant qu'il faut prendre la somme des valeurs qu'affectent les expressions qu'il précède lorsque n passe par toutes les valeurs entières et positives depuis 1 jusqu'à ∞ .

On voit d'abord que le calcul de ces séries sera des plus simples. Les coefficients de la seconde se déduiront de ceux de la première en les multipliant par $\frac{1}{2\,(n+1)}$; les coefficients de la troisième se tireront de ceux de la seconde en les multipliant par $\frac{10\,n+11}{4\,(n+1)\,(n+2)}$. En outre, elles seront de plus en plus convergentes; car les facteurs par lesquels on passe des coefficients de l'une à ceux de la suivante sont des fractions qui deviennent d'autant plus petites qu'on considère plus de termes.

11. On pourrait encore se proposer de transformer les séries en y laissant indéterminé l'indice i. Ainsi, en remarquant que dans ce cas

$$A_n = 2\;\frac{1.3\ldots(2i-1)}{2.4\ldots 2i} \times \frac{1.3\ldots 2n-1}{2.4\ldots 2n} \times \frac{(2i+1)(2i+3)\ldots(2i+2n-1)}{(2i+2)(2i+4)\ldots(2i+2n)}\;,$$

on trouverait

$$\alpha\,\frac{d b_{\frac{1}{2}}^{(i)}}{d\alpha} = \alpha^{i-2}\,\beta^2\left\{\frac{3.5\ldots(2i-1)}{4.6\ldots 2i} + \frac{1}{4}\sum_{1}^{\infty} A_n\,\frac{2n-2i^2+i+2}{(n+1)(i+n+1)}\,\alpha^{2n}\right\}.$$

Mais nous ne multiplierons pas davantage les exemples de ces transformations algébriques, parce que les formules (6) peuvent suffire à toutes les déterminations numériques.

12. Le mode de calcul que je viens d'exposer est aussi expéditif qu'aucun autre; il est beaucoup plus exact, et il réduit la théorie analytique du développement du radical $(1 + \alpha^2 - 2\alpha \cos\theta)^{-\frac{1}{2}}$ à fort peu de chose, à la simple détermination de la série (1) qui donne $b_{\frac{1}{2}}^{(i)}$. De plus, chaque nombre se trouvant calculé indépendamment des précédents, les relations telles que (2) et (3) sont des vérifications qui ne laissent pas de prise aux chances d'erreur.

Le calcul des coefficients, dans l'hypothèse de $s = \frac{3}{2}$, s'effectuera par les mêmes moyens, avec une légère modification. La série primitive qui donne $b_{\frac{3}{2}}^{(i)}$ devra être transformée dans celle qui dépend des différences premières de ses coefficients. La série qui donne $\alpha \dfrac{d b_{\frac{3}{2}}^{(i)}}{d\alpha}$ devra être ramenée à celle qui dépend des différences deuxièmes de ses coefficients. Ainsi de suite. On trouvera, par exemple,

$$b_{\frac{3}{2}}^{(o)} = 2 + 4,5000\,\beta^2$$
$$+ \beta^4(2,5312 + 0,0078\,\alpha^2 + 0,0030\,\alpha^4 + 0,0015\,\alpha^6 + \dots),$$

$$\alpha \frac{d b_{\frac{3}{2}}^{(o)}}{d\alpha} = 9,000\,\beta^2 + 19,125\,\beta^4$$
$$+ \beta^6(10,172 + 0,009\,\alpha^2 + 0,003\,\alpha^4 + \dots),$$

$$\alpha^2 \frac{d^2 b_{\frac{3}{2}}^{(o)}}{d\alpha^2} = 9,00\,\beta^2 + 75,37\,\beta^4 + 127,36\,\beta^6$$
$$+ \beta^8(61,09 + 0,02\,\alpha^2 + \dots).$$

---

13. Je prendrai pour bases de mes calculs les durées des révolutions sidérales, telles qu'on les trouve dans la cinquième édition de l'*Exposition du Système du Monde* de M. Laplace. Ces durées sont les suivantes :

	Jours.
Mercure	87,969 258 0 ;
Vénus	224,700 786 9 ;
La Terre	365,256 383 5 ;
Mars	686,979 645 8 ;
Jupiter	4 332,584 821 2 ;
Saturne	10 759,219 817 4 ;
Uranus	30 686,820 829 6.

Elles ne diffèrent des durées admises dans les tables les plus suivies que par des décimales qui pourraient fournir matière à discussion. Mais cette discussion n'aurait d'intérêt que dans la considération du mouvement elliptique. Pour le calcul des perturbations, il n'y aurait aucun avantage à substituer à quelques-unes des dernières décimales d'autres décimales sur lesquelles les astronomes pourraient même ne pas s'accorder.

Des durées des révolutions sidérales, on déduit les moyens mouvements qui suivent, exprimés en secondes sexagésimales, et rapportés à l'année julienne :

$$
\begin{aligned}
\text{Mercure} &\dots\dots\dots\dots & n^{0} &= 5\,381\,016'',17 ; \\
\text{Vénus} &\dots\dots\dots\dots & n' &= 2\,106\,641'',49 ; \\
\text{La Terre} &\dots\dots\dots\dots & n'' &= 1\,295\,977'',382 ; \\
\text{Mars} &\dots\dots\dots\dots & n''' &= 689\,050'',982 ; \\
\text{Jupiter} &\dots\dots\dots\dots & n^{\text{iv}} &= 109\,256'',719 ; \\
\text{Saturne} &\dots\dots\dots\dots & n^{\text{v}} &= 43\,996'',127 ; \\
\text{Uranus} &\dots\dots\dots\dots & n^{\text{vi}} &= 15\,425'',645.
\end{aligned}
$$

Désignons par $a^{0}, a', a'', \dots$ les demi grands axes des orbites de ces planètes ; et soient $m^{0}, m', m'', \dots$ leurs masses rapportées à celle du Soleil prise pour unité. On aura, pour déterminer le rapport de deux des demi grands axes, a^{0} et a'', par exemple, la relation

$$
\frac{a^{0}}{a''} = \left(\frac{n''}{n^{0}}\right)^{\frac{2}{3}} \left(1 + \frac{m^{0} - m''}{3}\right).
$$

En supposant a'', demi grand axe de l'ellipse terrestre égal à l'unité, on pourra calculer les demi grands axes des autres ellipses.

Dans le calcul des demi grands axes, pour les perturbations, la *Mécanique céleste* néglige la petite correction due aux masses des planètes (livre VI, § 20). Comme il n'en résulte nulle part aucune simplification, et que pour les demi grands axes de Jupiter et de Saturne cette correction est assez sensible, nous en tiendrons compte : on ne saurait faire avec trop de soin tous les calculs qui regardent ces deux planètes. Il faudra seulement se rappeler, en employant nos nombres, que la somme des masses du Soleil et de la planète troublée, qui entre en dénominateur dans les formules des perturbations, doit être rapportée à la masse du Soleil prise pour unité. Voici les masses que nous avons admises :

$$\text{Mercure} \dots\dots\dots m^0 = \frac{1}{3\ 000\ 000};$$

$$\text{Vénus} \dots\dots\dots m' = \frac{1}{401\ 847};$$

$$\text{La Terre} \dots\dots\dots m'' = \frac{1}{354\ 936};$$

$$\text{Mars} \dots\dots\dots m''' = \frac{1}{2\ 680\ 637};$$

$$\text{Jupiter} \dots\dots\dots m^{IV} = \frac{1}{1050};$$

$$\text{Saturne} \dots\dots\dots m^V = \frac{1}{3512};$$

$$\text{Uranus} \dots\dots\dots m^{VI} = \frac{1}{17918}.$$

Demi grands axes des orbites :

$$\text{Mercure} \dots\dots\dots a^0 = 0,387.098.7;$$
$$\text{Vénus} \dots\dots\dots a' = 0,723.332.2;$$
$$\text{La Terre} \dots\dots\dots a'' = 1,000.000.0;$$
$$\text{Mars} \dots\dots\dots a''' = 1,523.691.4;$$
$$\text{Jupiter} \dots\dots\dots a^{IV} = 5,202.798;$$
$$\text{Saturne} \dots\dots\dots a^V = 9,538.852;$$
$$\text{Uranus} \dots\dots\dots a^{VI} = 19,182.729.$$

14. Avant de présenter les tables correspondantes à ces demi grands axes, je crois devoir faire sentir par un exemple combien était nécessaire une révision scrupuleuse de cette base de l'astronomie théorique. Il me suffira de mettre en regard quelques-uns des nombres que j'ai obtenus pour la théorie de Vénus et de la Terre, avec ceux qui ont été donnés dans la *Connaissance des Temps* pour 1836, page 74 des Additions.

Désignation des quantités.	Valeurs nouvelles.	Valeurs prises dans la *Connaissance des Temps*.
$b_{\frac{1}{2}}^{(8)}$	0,041 460	0,041 731
$b_{\frac{1}{2}}^{(9)}$	0,028 396	0,028 797
$b_{\frac{1}{2}}^{(10)}$	0,019 555	0,020 110
$b_{\frac{1}{2}}^{(11)}$	0,013 526	0,014 278
$b_{\frac{1}{2}}^{(12)}$	0,009 391	0,010 398
$b_{\frac{1}{2}}^{(13)}$	0,006 540	0,007 885
$\alpha\,\dfrac{d\,b_{\frac{1}{2}}^{(13)}}{d\alpha}$	0,091 $\blacksquare$22	0,075 594
$\alpha^2\,\dfrac{d^2 b_{\frac{1}{2}}^{(13)}}{d\alpha^2}$	1,221 998	1,433 3
$\alpha^3\,\dfrac{d^3 b_{\frac{1}{2}}^{(13)}}{d\alpha^3}$	15,601 75	12,510
$\alpha^4\,\dfrac{d^4 b_{\frac{1}{2}}^{(13)}}{d\alpha^4}$	194,313 4	241,51
$\alpha^5\,\dfrac{d^5 b_{\frac{1}{2}}^{(13)}}{d\alpha^5}$	2 436,828	1 462,77

Ce petit tableau nous dispense de toute réflexion. Il est toutefois nécessaire d'ajouter que dans plusieurs théories on trouverait des coefficients fort inexacts. Si nous avons pris celle de Vénus et de la Terre pour comparaison, c'est que le grand axe que nous avons employé pour Vénus ne diffère pas de celui qu'on avait obtenu en négligeant la correction des masses.

Il resterait à examiner l'influence que ces fautes ont pu avoir sur la détermination des inégalités soit périodiques, soit séculaires. Mais cette discussion nous entraînerait pour le moment trop loin de notre but. Nous y reviendrons dans un autre article.

N° II.

Mercure et Vénus.

Log. $\alpha = \overline{1},728.4839.$

$$b_{\frac{1}{2}}^{(0)} = 2,172.169, \quad \alpha\,\frac{d b_{\frac{1}{2}}^{(0)}}{d\alpha} = 0,417.530, \quad \alpha^2\,\frac{d^2 b_{\frac{1}{2}}^{(0)}}{d\alpha^2} = 0,789.387,$$

$$\alpha^3\,\frac{d^3 b_{\frac{1}{2}}^{(0)}}{d\alpha^3} = 1,733.243, \quad \alpha^4\,\frac{d^4 b_{\frac{1}{2}}^{(0)}}{d\alpha^4} = 6,333.961;$$

$$b_{\frac{1}{2}}^{(1)} = 0,605.709, \quad \alpha\,\frac{d b_{\frac{1}{2}}^{(1)}}{d\alpha} = 0,780.196, \quad \alpha^2\,\frac{d^2 b_{\frac{1}{2}}^{(1)}}{d\alpha^2} = 0,694.852,$$

$$\alpha^3\,\frac{d^3 b_{\frac{1}{2}}^{(1)}}{d\alpha^3} = 1,849.031, \quad \alpha^4\,\frac{d^4 b_{\frac{1}{2}}^{(1)}}{d\alpha^4} = 6,288.539;$$

$$b_{\frac{1}{2}}^{(2)} = 0,246.595, \quad \alpha\,\frac{d b_{\frac{1}{2}}^{(2)}}{d\alpha} = 0,572.642, \quad \alpha^2\,\frac{d^2 b_{\frac{1}{2}}^{(2)}}{d\alpha^2} = 0,972.354,$$

$$\alpha^3\,\frac{d^3 b_{\frac{1}{2}}^{(2)}}{d\alpha^3} = 1,836.436, \quad \alpha^4\,\frac{d^4 b_{\frac{1}{2}}^{(2)}}{d\alpha^4} = 6,561.710;$$

$$b_{\frac{1}{2}}^{(3)} = 0,110.779, \quad \alpha\,\frac{d b_{\frac{1}{2}}^{(3)}}{d\alpha} = 0,370.021, \quad \alpha^2\,\frac{d^2 b_{\frac{1}{2}}^{(3)}}{d\alpha^2} = 0,968.460,$$

$$\alpha^3\,\frac{d^3 b_{\frac{1}{2}}^{(3)}}{d\alpha^3} = 2,234.684, \quad \alpha^4\,\frac{d^4 b_{\frac{1}{2}}^{(3)}}{d\alpha^4} = 6,754.032;$$

$$b_{\frac{1}{2}}^{(4)} = 0,052.106, \quad \alpha\,\frac{d b_{\frac{1}{2}}^{(4)}}{d\alpha} = 0,226.734, \quad \alpha^2\,\frac{d^2 b_{\frac{1}{2}}^{(4)}}{d\alpha^2} = 0,809.875,$$

$$\alpha^3\,\frac{d^3 b_{\frac{1}{2}}^{(4)}}{d\alpha^3} = 2,463.124, \quad \alpha^4\,\frac{d^4 b_{\frac{1}{2}}^{(4)}}{d\alpha^4} = 7,660.829;$$

$$b_{\frac{1}{2}}^{(5)} = 0,025.17, \quad \alpha\,\frac{d b_{\frac{1}{2}}^{(5)}}{d\alpha} = 0,134.90, \quad \alpha^2\,\frac{d^2 b_{\frac{1}{2}}^{(5)}}{d\alpha^2} = 0,612.80,$$

$$\alpha^3\,\frac{d^3 b_{\frac{1}{2}}^{(5)}}{d\alpha^3} = 2,385.34, \quad \alpha^4\,\frac{d^4 b_{\frac{1}{2}}^{(5)}}{d\alpha^4} = 8,618\,55;$$

$$b_{\frac{1}{2}}^{(6)} = 0,012.38, \quad \alpha\, \frac{d b_{\frac{1}{2}}^{(6)}}{d\alpha} = 0,078.77, \quad \alpha^2\, \frac{d^2 b_{\frac{1}{2}}^{(6)}}{d\alpha^2} = 0,434.95,$$

$$\alpha^3\, \frac{d^3 b_{\frac{1}{2}}^{(6)}}{d\alpha^3} = 2,087.10;$$

$$b_{\frac{1}{2}}^{(7)} = 0,006.16, \quad \alpha\, \frac{d b_{\frac{1}{2}}^{(7)}}{d\alpha} = 0,045.39, \quad \alpha^2\, \frac{d^2 b_{\frac{1}{2}}^{(7)}}{d\alpha^2} = 0,295.36;$$

$$b_{\frac{1}{2}}^{(8)} = 0,003.09, \quad \alpha\, \frac{d b_{\frac{1}{2}}^{(8)}}{d\alpha} = 0,025.91;$$

$$b_{\frac{1}{2}}^{(9)} = 0,001.57.$$

$$b_{\frac{3}{2}}^{(0)} = 4,214.15, \quad \alpha\, \frac{d b_{\frac{3}{2}}^{(0)}}{d\alpha} = 7,350.30, \quad \alpha^2\, \frac{d^2 b_{\frac{3}{2}}^{(0)}}{d\alpha^2} = 25,571.14;$$

$$b_{\frac{3}{2}}^{(1)} = 3,035.44, \quad \alpha\, \frac{d b_{\frac{3}{2}}^{(1)}}{d\alpha} = 7,663.88, \quad \alpha^2\, \frac{d^2 b_{\frac{3}{2}}^{(1)}}{d\alpha^2} = 24,790.57;$$

$$b_{\frac{3}{2}}^{(2)} = 1,950.49, \quad \alpha\, \frac{d b_{\frac{3}{2}}^{(2)}}{d\alpha} = 6,698.20, \quad \alpha^2\, \frac{d^2 b_{\frac{3}{2}}^{(2)}}{d\alpha^2} = 24,278.52;$$

$$b_{\frac{3}{2}}^{(3)} = 1,192.29, \quad \alpha\, \frac{d b_{\frac{3}{2}}^{(3)}}{d\alpha} = 5,226.9, \quad \alpha^2\, \frac{d^2 b_{\frac{3}{2}}^{(3)}}{d\alpha^2} = 22,396.8;$$

$$b_{\frac{3}{2}}^{(4)} = 0,708.48, \quad \alpha\, \frac{d b_{\frac{3}{2}}^{(4)}}{d\alpha} = 3,791.7, \quad \alpha^2\, \frac{d^2 b_{\frac{3}{2}}^{(4)}}{d\alpha^2} = 19,233.6;$$

$$b_{\frac{3}{2}}^{(5)} = 0,413.36, \quad \alpha\, \frac{d b_{\frac{3}{2}}^{(5)}}{d\alpha} = 2,616.4;$$

$$b_{\frac{3}{2}}^{(6)} = 0,238.10.$$

$$b_{\frac{5}{2}}^{(0)} = 12,772.27;$$

$$b_{\frac{5}{2}}^{(2)} = 8,990.94.$$

Mercure et la Terre.

Log. $\alpha = \overline{1},587.8217.$

$$b_{\frac{1}{2}}^{(0)} = 2,081.981, \quad \alpha\,\frac{d b_{\frac{1}{2}}^{(0)}}{d\alpha} = 0,179.760, \quad \alpha^2\,\frac{d^2 b_{\frac{1}{2}}^{(0)}}{d\alpha^2} = 0,250.571,$$

$$\alpha^3\,\frac{d^3 b_{\frac{1}{2}}^{(0)}}{d\alpha^3} = 0,264.267, \quad \alpha^4\,\frac{d^4 b_{\frac{1}{2}}^{(0)}}{d\alpha^4} = 0,579.274;$$

$$b_{\frac{1}{2}}^{(1)} = 0,411.140, \quad \alpha\,\frac{d b_{\frac{1}{2}}^{(1)}}{d\alpha} = 0,464.376, \quad \alpha^2\,\frac{d^2 b_{\frac{1}{2}}^{(1)}}{d\alpha^2} = 0,182.929,$$

$$\alpha^3\,\frac{d^3 b_{\frac{1}{2}}^{(1)}}{d\alpha^3} = 0,316.828, \quad \alpha^4\,\frac{d^4 b_{\frac{1}{2}}^{(1)}}{d\alpha^4} = 0,545.967;$$

$$b_{\frac{1}{2}}^{(2)} = 0,120.179, \quad \alpha\,\frac{d b_{\frac{1}{2}}^{(2)}}{d\alpha} = 0,257.705, \quad \alpha^2\,\frac{d^2 b_{\frac{1}{2}}^{(2)}}{d\alpha^2} = 0,335.038,$$

$$\alpha^3\,\frac{d^3 b_{\frac{1}{2}}^{(2)}}{d\alpha^3} = 0,285.919, \quad \alpha^4\,\frac{d^4 b_{\frac{1}{2}}^{(2)}}{d\alpha^4} = 0,612.637;$$

$$b_{\frac{1}{2}}^{(3)} = 0,038.901, \quad \alpha\,\frac{d b_{\frac{1}{2}}^{(3)}}{d\alpha} = 0,122.616, \quad \alpha^2\,\frac{d^2 b_{\frac{1}{2}}^{(3)}}{d\alpha^2} = 0,277.578,$$

$$\alpha^3\,\frac{d^3 b_{\frac{1}{2}}^{(3)}}{d\alpha^3} = 0,428.698;$$

$$b_{\frac{1}{2}}^{(4)} = 0,013.204, \quad \alpha\,\frac{d b_{\frac{1}{2}}^{(4)}}{d\alpha} = 0,054.884, \quad \alpha^2\,\frac{d^2 b_{\frac{1}{2}}^{(4)}}{d\alpha^2} = 0,178.054,$$

$$\alpha^3\,\frac{d^3 b_{\frac{1}{2}}^{(4)}}{d\alpha^3} = 0,431.873;$$

$$b_{\frac{1}{2}}^{(5)} = 0,004.61, \quad \alpha\,\frac{d b_{\frac{1}{2}}^{(5)}}{d\alpha} = 0,023.77, \quad \alpha^2\,\frac{d^2 b_{\frac{1}{2}}^{(5)}}{d\alpha^2} = 0,100.59;$$

$$b_{\frac{1}{2}}^{(6)} = 0,001.64, \quad \alpha\,\frac{d b_{\frac{1}{2}}^{(6)}}{d\alpha} = 0,010.08;$$

$$b^{(7)}_{\frac{1}{2}} = 0,000\,59, \quad \alpha\,\frac{d\,b^{(7)}_{\frac{1}{2}}}{d\alpha} = 0,004.22\,;$$

$$b^{(8)}_{\frac{1}{2}} = 0,000.21.$$

$$b^{(0)}_{\frac{3}{2}} = 2,871.830, \quad \alpha\,\frac{d\,b^{(0)}_{\frac{3}{2}}}{d\alpha} = 2,236.173, \quad \alpha^2\,\frac{d^2 b^{(0)}_{\frac{3}{2}}}{d\alpha^2} = 4,684.28\,;$$

$$b^{(1)}_{\frac{3}{2}} = 1,576.058, \quad \alpha\,\frac{d\,b^{(1)}_{\frac{3}{2}}}{d\alpha} = 2,624.602, \quad \alpha^2\,\frac{d^2 b^{(1)}_{\frac{3}{2}}}{d\alpha^2} = 4,227.19\,;$$

$$b^{(2)}_{\frac{3}{2}} = 0,747.616, \quad \alpha\,\frac{d\,b^{(2)}_{\frac{3}{2}}}{d\alpha} = 1,961.096, \quad \alpha^2\,\frac{d^2 b^{(2)}_{\frac{3}{2}}}{d\alpha^2} = 4,289.26\,;$$

$$b^{(3)}_{\frac{3}{2}} = 0,334.21, \quad \alpha\,\frac{d\,b^{(3)}_{\frac{3}{2}}}{d\alpha} = 1,203.5\,;$$

$$b^{(4)}_{\frac{3}{2}} = 0,144.65\,;$$

$$b^{(5)}_{\frac{3}{2}} = 0,061.33.$$

$$b^{(0)}_{\frac{5}{2}} = 5,131.543\,;$$

$$b^{(2)}_{\frac{5}{2}} = 2,417.232.$$

Mercure et Mars.

$$\text{Log. } \alpha = \overline{1},404.9247.$$

$$b_{\frac{1}{2}}^{(0)} = 2,033.498, \quad \alpha\,\frac{d\,b_{\frac{1}{2}}^{(0)}}{d\alpha} = 0,069.567, \quad \alpha^2\,\frac{d^2 b_{\frac{1}{2}}^{(0)}}{d\alpha^2} = 0,080.337,$$

$$\alpha^3\,\frac{d^3 b_{\frac{1}{2}}^{(0)}}{d\alpha^3} = 0,035.401, \quad \alpha^4\,\frac{d^4 b_{\frac{1}{2}}^{(0)}}{d\alpha^4} = 0,052.166;$$

$$b_{\frac{1}{2}}^{(1)} = 0,260.463, \quad \alpha\,\frac{d\,b_{\frac{1}{2}}^{(1)}}{d\alpha} = 0,273.828, \quad \alpha^2\,\frac{d^2 b_{\frac{1}{2}}^{(1)}}{d\alpha^2} = 0,042.392,$$

$$\alpha^3\,\frac{d^3 b_{\frac{1}{2}}^{(1)}}{d\alpha^3} = 0,054.562, \quad \alpha^4\,\frac{d^4 b_{\frac{1}{2}}^{(1)}}{d\alpha^4} = 0,041.650;$$

$$b_{\frac{1}{2}}^{(2)} = 0,049.767, \quad \alpha\,\frac{d\,b_{\frac{1}{2}}^{(2)}}{d\alpha} = 0,102.375, \quad \alpha^2\,\frac{d^2 b_{\frac{1}{2}}^{(2)}}{d\alpha^2} = 0,114.253,$$

$$\alpha^3\,\frac{d^3 b_{\frac{1}{2}}^{(2)}}{d\alpha^3} = 0,038.867, \quad \alpha^4\,\frac{d^4 b_{\frac{1}{2}}^{(2)}}{d\alpha^4} = 0,056.374;$$

$$b_{\frac{1}{2}}^{(3)} = 0,010.551, \quad \alpha\,\frac{d\,b_{\frac{1}{2}}^{(3)}}{d\alpha} = 0,032\ 286, \quad \alpha^2\,\frac{d^2 b_{\frac{1}{2}}^{(3)}}{d\alpha^2} = 0,067\ 856;$$

$$b_{\frac{1}{2}}^{(4)} = 0,002.347, \quad \alpha\,\frac{d\,b_{\frac{1}{2}}^{(4)}}{d\alpha} = 0,009.535;$$

$$b_{\frac{1}{2}}^{(5)} = 0,000.54.$$

$$b_{\frac{3}{2}}^{(0)} = 2,322.536, \quad \alpha\,\frac{d\,b_{\frac{3}{2}}^{(0)}}{d\alpha} = 0,715.353, \quad \alpha^2\,\frac{d^2 b_{\frac{3}{2}}^{(0)}}{d\alpha^2} = 1,023.004;$$

$$b_{\frac{3}{2}}^{(1)} = 0,863.875, \quad \alpha\,\frac{d\,b_{\frac{3}{2}}^{(1)}}{d\alpha} = 1,088.005, \quad \alpha^2\,\frac{d^2 b_{\frac{3}{2}}^{(1)}}{d\alpha^2} = 0,762.718;$$

$$b_{\frac{3}{2}}^{(2)} = 0,272.079, \quad \alpha\,\frac{d\,b_{\frac{3}{2}}^{(2)}}{d\alpha} = 0,610.135, \quad \alpha^2\,\frac{d^2 b_{\frac{3}{2}}^{(2)}}{d\alpha^2} = 0,899.714.$$

$$b_{\frac{5}{2}}^{(0)} = 2,992.588;$$

$$b_{\frac{5}{2}}^{(2)} = 0,725.672.$$

Mercure et Jupiter.

Log. $\alpha = \overline{2},871.5848$.

$$b^{(0)}_{\frac{1}{2}} = 2,002.776, \quad \alpha\,\frac{d\,b^{(0)}_{\frac{1}{2}}}{d\alpha} = 0,005.570, \quad \alpha^2\,\frac{d^2 b^{(0)}_{\frac{1}{2}}}{d\alpha^2} = 0,005.640,$$

$$\alpha^3\,\frac{d^3 b^{(0)}_{\frac{1}{2}}}{d\alpha^3} = 0,000.211, \quad \alpha^4\,\frac{d^4 b^{(0)}_{\frac{1}{2}}}{d\alpha^4} = 0,000.219;$$

$$b^{(1)}_{\frac{1}{2}} = 0,074.557, \quad \alpha\,\frac{d\,b^{(1)}_{\frac{1}{2}}}{d\alpha} = 0,074\ 868, \quad \alpha^2\,\frac{d^2 b^{(1)}_{\frac{1}{2}}}{d\alpha^2} = 0,000.937,$$

$$\alpha^3\,\frac{d^3 b^{(1)}_{\frac{1}{2}}}{d\alpha^3} = 0,000.959, \quad \alpha^4\,\frac{d^4 b^{(1)}_{\frac{1}{2}}}{d\alpha^4} = 0,000.066;$$

$$b^{(2)}_{\frac{1}{2}} = 0,004.161, \quad \alpha\,\frac{d\,b^{(2)}_{\frac{1}{2}}}{d\alpha} = 0,008.342, \quad \alpha^2\,\frac{d^2 b^{(2)}_{\frac{1}{2}}}{d\alpha^2} = 0,008\ 419,$$

$$\alpha^3\,\frac{d^3 b^{(2)}_{\frac{1}{2}}}{d\alpha^3} = 0,000.234, \quad \alpha^4\,\frac{d^4 b^{(2)}_{\frac{1}{2}}}{d\alpha^4} = 0,000.243;$$

$$b^{(3)}_{\frac{1}{2}} = 0,000.258, \quad \alpha\,\frac{d\,b^{(3)}_{\frac{1}{2}}}{d\alpha} = 0,000.775;$$

$$b^{(4)}_{\frac{1}{2}} = 0,000.017.$$

$$b^{(0)}_{\frac{3}{2}} = 2,025.127, \quad \alpha\,\frac{d\,b^{(0)}_{\frac{3}{2}}}{d\alpha} = 0,050.693, \quad \alpha^2\,\frac{d^2 b^{(0)}_{\frac{3}{2}}}{d\alpha^2} = 0,052.456;$$

$$b^{(1)}_{\frac{3}{2}} = 0,225.542, \quad \alpha\,\frac{d\,b^{(1)}_{\frac{3}{2}}}{d\alpha} = 0,230.251, \quad \alpha^2\,\frac{d^2 b^{(1)}_{\frac{3}{2}}}{d\alpha^2} = 0,014.280;$$

$$b^{(2)}_{\frac{3}{2}} = 0,020.961, \quad \alpha\,\frac{d\,b^{(2)}_{\frac{3}{2}}}{d\alpha} = 0,042.331, \quad \alpha^2\,\frac{d^2 b^{(2)}_{\frac{3}{2}}}{d\alpha^2} = 0,043.978;$$

$$b^{(0)}_{\frac{5}{2}} = 2,070.384;$$

$$b^{(2)}_{\frac{5}{2}} = 0,049.456.$$

Mercure et Saturne.

$\text{Log. } \alpha = \overline{2},608.3256.$

$$b_{\frac{1}{2}}^{(0)} = 2,000.824, \quad \alpha \frac{d b_{\frac{1}{2}}^{(0)}}{d\alpha} = 0,001.650, \quad \alpha^2 \frac{d^2 b_{\frac{1}{2}}^{(0)}}{d\alpha^2} = 0,001.656,$$

$$\alpha^3 \frac{d^3 b_{\frac{1}{2}}^{(0)}}{d\alpha^3} = 0,000.018, \quad \alpha^4 \frac{d^4 b_{\frac{1}{2}}^{(0)}}{d\alpha^4} = 0,000.019;$$

$$b_{\frac{1}{2}}^{(1)} = 0,040.606, \quad \alpha \frac{d b_{\frac{1}{2}}^{(1)}}{d\alpha} = 0,040.657, \quad \alpha^2 \frac{d^2 b_{\frac{1}{2}}^{(1)}}{d\alpha^2} = 0,000.151,$$

$$\alpha^3 \frac{d^3 b_{\frac{1}{2}}^{(1)}}{d\alpha^3} = 0,000.152, \quad \alpha^4 \frac{d^4 b_{\frac{1}{2}}^{(1)}}{d\alpha^4} = 0,000.003;$$

$$b_{\frac{1}{2}}^{(2)} = 0,001.236, \quad \alpha \frac{d b_{\frac{1}{2}}^{(2)}}{d\alpha} = 0,002.474, \quad \alpha^2 \frac{d^2 b_{\frac{1}{2}}^{(2)}}{d\alpha^2} = 0,002.480,$$

$$\alpha^3 \frac{d^3 b_{\frac{1}{2}}^{(2)}}{d\alpha^3} = 0,000.020, \quad \alpha^4 \frac{d^4 b_{\frac{1}{2}}^{(2)}}{d\alpha^4} = 0,000.021;$$

$$b_{\frac{1}{2}}^{(3)} = 0,000.042, \quad \alpha \frac{d b_{\frac{1}{2}}^{(3)}}{d\alpha} = 0,000.125;$$

$$b_{\frac{1}{2}}^{(4)} = 0,000.001.$$

$$b_{\frac{3}{2}}^{(0)} = 2,007.430, \quad \alpha \frac{d b_{\frac{3}{2}}^{(0)}}{d\alpha} = 0,014.898, \quad \alpha^2 \frac{d^2 b_{\frac{3}{2}}^{(0)}}{d\alpha^2} = 0,015.052;$$

$$b_{\frac{3}{2}}^{(1)} = 0,122.121, \quad \alpha \frac{d b_{\frac{3}{2}}^{(1)}}{d\alpha} = 0,122.876, \quad \alpha^2 \frac{d^2 b_{\frac{3}{2}}^{(2)}}{d\alpha^2} = 0,002.274;$$

$$b_{\frac{3}{2}}^{(2)} = 0,006.193, \quad \alpha \frac{d b_{\frac{3}{2}}^{(2)}}{d\alpha} = 0,012.423, \quad \alpha^2 \frac{d^2 b_{\frac{3}{2}}^{(2)}}{d\alpha^2} = 0,012.566,$$

$$b_{\frac{5}{2}}^{(0)} = 2,020.690;$$

$$b_{\frac{5}{2}}^{(2)} = 0,014.499.$$

Mercure et Uranus.

Log. $\alpha = \bar{2},304.9113.$

$$b_{\frac{1}{2}}^{(0)} = 2,000.204, \quad \alpha\, \frac{d b_{\frac{1}{2}}^{(0)}}{d\alpha} = 0,000.407, \quad \alpha^2\, \frac{d^2 b_{\frac{1}{2}}^{(0)}}{d\alpha^2} = 0,000.408,$$

$$\alpha^3\, \frac{d^3 b_{\frac{1}{2}}^{(0)}}{d\alpha^3} = 0,000.001, \quad \alpha^4\, \frac{d^4 b_{\frac{1}{2}}^{(0)}}{d\alpha^4} = 0,000.001;$$

$$b_{\frac{1}{2}}^{(1)} = 0,020.183, \quad \alpha\, \frac{d b_{\frac{1}{2}}^{(1)}}{d\alpha} = 0,020.189, \quad \alpha^2\, \frac{d^2 b_{\frac{1}{2}}^{(1)}}{d\alpha^2} = 0,000.019,$$

$$\alpha^3\, \frac{d^3 b_{\frac{1}{2}}^{(1)}}{d\alpha^3} = 0,000.019, \quad \alpha^4\, \frac{d^4 b_{\frac{1}{2}}^{(1)}}{d\alpha^4} = 0,000.000;$$

$$b_{\frac{1}{2}}^{(2)} = 0,000.305, \quad \alpha\, \frac{d b_{\frac{1}{2}}^{(2)}}{d\alpha} = 0,000.611, \quad \alpha^2\, \frac{d^2 b_{\frac{1}{2}}^{(2)}}{d\alpha^2} = 0,000,611,$$

$$\alpha^3\, \frac{d^3 b_{\frac{1}{2}}^{(2)}}{d\alpha^3} = 0,000.001, \quad \alpha^4\, \frac{d^4 b_{\frac{1}{2}}^{(2)}}{d\alpha^4} = 0,000.001.$$

$$b_{\frac{3}{2}}^{(0)} = 2,001.834, \quad \alpha\, \frac{d b_{\frac{3}{2}}^{(0)}}{d\alpha} = 0,003.670, \quad \alpha^2\, \frac{d^2 b_{\frac{3}{2}}^{(0)}}{d\alpha^2} = 0,003.679,$$

$$b_{\frac{3}{2}}^{(1)} = 0,060.585, \quad \alpha\, \frac{d b_{\frac{3}{2}}^{(1)}}{d\alpha} = 0,060.677, \quad \alpha^2\, \frac{d^2 b_{\frac{3}{2}}^{(1)}}{d\alpha^2} = 0,000.278;$$

$$b_{\frac{3}{2}}^{(2)} = 0,001.528, \quad \alpha\, \frac{d b_{\frac{3}{2}}^{(2)}}{d\alpha} = 0,003.058, \quad \alpha^2\, \frac{d^2 b_{\frac{3}{2}}^{(2)}}{d\alpha^2} = 0,003.067.$$

$$b_{\frac{5}{2}}^{(0)} = 2,005.097;$$

$$b_{\frac{5}{2}}^{(2)} = 0,003.568.$$

N° II.

Vénus et la Terre.

Log. $\alpha = \overline{1},859.3378$.

$$b_{\frac{1}{2}}^{(0)} = 2,386.374, \quad \alpha\,\frac{d\,b_{\frac{1}{2}}^{(0)}}{d\alpha} = 1,188.982, \quad \alpha^2\,\frac{d^2 b_{\frac{1}{2}}^{(0)}}{d\alpha^2} = 4,039.199,$$

$$\alpha^3\,\frac{d^3 b_{\frac{1}{2}}^{(0)}}{d\alpha^3} = 21,403.26, \quad \alpha^4\,\frac{d^4 b_{\frac{1}{2}}^{(0)}}{d\alpha^4} = 171,366.6;$$

$$b_{\frac{1}{2}}^{(1)} = 0,942.414, \quad \alpha\,\frac{d\,b_{\frac{1}{2}}^{(1)}}{d\alpha} = 1,643\ 757, \quad \alpha^2\,\frac{d^2 b_{\frac{1}{2}}^{(1)}}{d\alpha^2} = 3,940.397,$$

$$\alpha^3\,\frac{d^3 b_{\frac{1}{2}}^{(1)}}{d\alpha^3} = 21,708.99, \quad \alpha^4\,\frac{d^4 b_{\frac{1}{2}}^{(1)}}{d\alpha^4} = 171,785.8;$$

$$b_{\frac{1}{2}}^{(2)} = 0,527.579, \quad \alpha\,\frac{d\,b_{\frac{1}{2}}^{(2)}}{d\alpha} = 1,497.178, \quad \alpha^2\,\frac{d^2 b_{\frac{1}{2}}^{(2)}}{d\alpha^2} = 4,477\ 962,$$

$$\alpha^3\,\frac{d^3 b_{\frac{1}{2}}^{(2)}}{d\alpha^3} = 22,026.15, \quad \alpha^4\,\frac{d^4 b_{\frac{1}{2}}^{(2)}}{d\alpha^4} = 173,952.5;$$

$$b_{\frac{1}{2}}^{(3)} = 0,323.343, \quad \alpha\,\frac{d\,b_{\frac{1}{2}}^{(3)}}{d\alpha} = 1,257.776, \quad \alpha^2\,\frac{d^2 b_{\frac{1}{2}}^{(3)}}{d\alpha^2} = 4,767\ 590,$$

$$\alpha^3\,\frac{d^3 b_{\frac{1}{2}}^{(3)}}{d\alpha^3} = 23,431.34;$$

$$b_{\frac{1}{2}}^{(4)} = 0,206.788, \quad \alpha\,\frac{d\,b_{\frac{1}{2}}^{(4)}}{d\alpha} = 1,018.173, \quad \alpha^2\,\frac{d^2 b_{\frac{1}{2}}^{(4)}}{d\alpha^2} = 4,751.960,$$

$$\alpha^3\,\frac{d^3 b_{\frac{1}{2}}^{(4)}}{d\alpha^3} = 25,123.18;$$

$$b_{\frac{1}{2}}^{(5)} = 0,135.59, \quad \alpha\,\frac{d\,b_{\frac{1}{2}}^{(5)}}{d\alpha} = 0,806.43, \quad \alpha^2\,\frac{d^2 b_{\frac{1}{2}}^{(5)}}{d\alpha^2} = 4,501.90,$$

$$\alpha^3\,\frac{d^3 b_{\frac{1}{2}}^{(5)}}{d\alpha^3} = 26,432.1;$$

$$b_{\frac{1}{2}}^{(6)} = 0,090.37, \quad \alpha\,\frac{d\,b_{\frac{1}{2}}^{(6)}}{d\alpha} = 0,629.53, \quad \alpha^2\,\frac{d^2 b_{\frac{1}{2}}^{(6)}}{d\alpha^2} = 4,104.73,$$

$$\alpha^3\,\frac{d^3 b_{\frac{1}{2}}^{(6)}}{d\alpha^3} = 27,011.4;$$

$$b_{\frac{1}{2}}^{(7)} = 0,060.94, \quad \alpha\,\frac{d\,b_{\frac{1}{2}}^{(7)}}{d\alpha} = 0,486.32, \quad \alpha^2\,\frac{d^2 b_{\frac{1}{2}}^{(7)}}{d\alpha^2} = 3,634.22,$$

$$\alpha^3\,\frac{d^3 b_{\frac{1}{2}}^{(7)}}{d\alpha^3} = 26,775.7;$$

$$b_{\frac{1}{2}}^{(8)} = 0,041.46, \quad \alpha\,\frac{d\,b_{\frac{1}{2}}^{(8)}}{d\alpha} = 0,372.76, \quad \alpha^2\,\frac{d^2 b_{\frac{1}{2}}^{(8)}}{d\alpha^2} = 3,144.29,$$

$$\alpha^3\,\frac{d^3 b_{\frac{1}{2}}^{(8)}}{d\alpha^3} = 25,801.8, \quad \alpha^4\,\frac{d^4 b_{\frac{1}{2}}^{(8)}}{d\alpha^4} = 221,240.6, \quad \alpha^5\,\frac{d^5 b_{\frac{1}{2}}^{(8)}}{d\alpha^5} = 2187,537;$$

$$b_{\frac{1}{2}}^{(9)} = 0,028.40, \quad \alpha\,\frac{d\,b_{\frac{1}{2}}^{(9)}}{d\alpha} = 0,283.97, \quad \alpha^2\,\frac{d^2 b_{\frac{1}{2}}^{(9)}}{d\alpha^2} = 2,670.53,$$

$$\alpha^3\,\frac{d^3 b_{\frac{1}{2}}^{(9)}}{d\alpha^3} = 24,246.79, \quad \alpha^4\,\frac{d^4 b_{\frac{1}{2}}^{(9)}}{d\alpha^4} = 224,072.3, \quad \alpha^5\,\frac{d^5 b_{\frac{1}{2}}^{(9)}}{d\alpha^5} = 2285,731;$$

$$b_{\frac{1}{2}}^{(10)} = 0,019.55, \quad \alpha\,\frac{d\,b_{\frac{1}{2}}^{(10)}}{d\alpha} = 0,215.26, \quad \alpha^2\,\frac{d^2 b_{\frac{1}{2}}^{(10)}}{d\alpha^2} = 2,234.10,$$

$$\alpha^3\,\frac{d^3 b_{\frac{1}{2}}^{(10)}}{d\alpha^3} = 22,291.67, \quad \alpha^4\,\frac{d^4 b_{\frac{1}{2}}^{(10)}}{d\alpha^4} = 222,443.3, \quad \alpha^5\,\frac{d^5 b_{\frac{1}{2}}^{(10)}}{d\alpha^5} = 2368,554;$$

$$b_{\frac{1}{2}}^{(11)} = 0,013.53, \quad \alpha\,\frac{d\,b_{\frac{1}{2}}^{(11)}}{d\alpha} = 0,162.51, \quad \alpha^2\,\frac{d^2 b_{\frac{1}{2}}^{(11)}}{d\alpha^2} = 1,845.63,$$

$$\alpha^3\,\frac{d^3 b_{\frac{1}{2}}^{(11)}}{d\alpha^3} = 20,107.92, \quad \alpha^4\,\frac{d^4 b_{\frac{1}{2}}^{(11)}}{d\alpha^4} = 216,526.5, \quad \alpha^5\,\frac{d^5 b_{\frac{1}{2}}^{(11)}}{d\alpha^5} = 2425,423;$$

$$b^{(12)}_{\frac{1}{2}} = 0,009.39, \quad \alpha \frac{d b^{(12)}_{\frac{1}{2}}}{d\alpha} = 0,122.27, \quad \alpha^2 \frac{d^2 b^{(12)}_{\frac{1}{2}}}{d\alpha^2} = 1,508.61,$$

$$\alpha^3 \frac{d^3 b^{(12)}_{\frac{1}{2}}}{d\alpha^3} = 17,840.46, \quad \alpha^4 \frac{d^4 b^{(12)}_{\frac{1}{2}}}{d\alpha^4} = 206,888.5, \quad \alpha^5 \frac{d^5 b^{(12)}_{\frac{1}{2}}}{d\alpha^5} = 2449,263;$$

$$b^{(13)}_{\frac{1}{2}} = 0,006.54, \quad \alpha \frac{d b^{(13)}_{\frac{1}{2}}}{d\alpha} = 0,091.72, \quad \alpha^2 \frac{d^2 b^{(13)}_{\frac{1}{2}}}{d\alpha^2} = 1,222.00,$$

$$\alpha^3 \frac{d^3 b^{(13)}_{\frac{1}{2}}}{d\alpha^3} = 15,601.75, \quad \alpha^4 \frac{d^4 b^{(13)}_{\frac{1}{2}}}{d\alpha^4} = 194,313.4, \quad \alpha^5 \frac{d^5 b^{(13)}_{\frac{1}{2}}}{d\alpha^5} = 2436,828.$$

$$b^{(0)}_{\frac{3}{2}} = 9,992.520, \quad \alpha \frac{d b^{(0)}_{\frac{3}{2}}}{d\alpha} = 46,355.17, \quad \alpha^2 \frac{d^2 b^{(0)}_{\frac{3}{2}}}{d\alpha^2} = 357,542.2;$$

$$b^{(1)}_{\frac{3}{2}} = 8,871.669, \quad \alpha \frac{d b^{(1)}_{\frac{3}{2}}}{d\alpha} = 46,342.26, \quad \alpha^2 \frac{d^2 b^{(1)}_{\frac{3}{2}}}{d\alpha^2} = 355,272.0;$$

$$b^{(2)}_{\frac{3}{2}} = 7,386.764, \quad \alpha \frac{d b^{(2)}_{\frac{3}{2}}}{d\alpha} = 44,415.98, \quad \alpha^2 \frac{d^2 b^{(2)}_{\frac{3}{2}}}{d\alpha^2} = 350,525.5;$$

$$b^{(3)}_{\frac{3}{2}} = 5,954.2, \quad \alpha \frac{d b^{(3)}_{\frac{3}{2}}}{d\alpha} = 40,980.4;$$

$$b^{(4)}_{\frac{3}{2}} = 4,704.7, \quad \alpha \frac{d b^{(4)}_{\frac{3}{2}}}{d\alpha} = 36,664,9;$$

$$b^{(5)}_{\frac{3}{2}} = 3,667.1, \quad \alpha \frac{d b^{(5)}_{\frac{3}{2}}}{d\alpha} = 32,006.5;$$

$$b^{(6)}_{\frac{3}{2}} = 2,830.18;$$

$$b^{(7)}_{\frac{3}{2}} = 2,167.82;$$

$$b^{(8)}_{\frac{3}{2}} = 1,650.60;$$

$$b^{(9)}_{\frac{3}{2}} = 1,250.72, \quad \alpha\,\frac{d\,b^{(9)}_{\frac{3}{2}}}{d\alpha} = 15,733.9, \quad \alpha^2\,\frac{d^2 b^{(9)}_{\frac{3}{2}}}{d\alpha^2} = 201,521,$$

$$\alpha^3\,\frac{d^3 b^{(9)}_{\frac{3}{2}}}{d\alpha^3} = 2726,34, \quad \alpha^4\,\frac{d^4 b^{(9)}_{\frac{3}{2}}}{d\alpha^4} = 40405,4, \quad \alpha^5\,\frac{d^5 b^{(9)}_{\frac{3}{2}}}{d\alpha^5} = 672618;$$

$$b^{(10)}_{\frac{3}{2}} = 0,943.95, \quad \alpha\,\frac{d\,b^{(10)}_{\frac{3}{2}}}{d\alpha} = 12,797.5, \quad \alpha^2\,\frac{d^2 b^{(10)}_{\frac{3}{2}}}{d\alpha^2} = 175,181,$$

$$\alpha^3\,\frac{d^3 b^{(10)}_{\frac{3}{2}}}{d\alpha^3} = 2498,04, \quad \alpha^4\,\frac{d^4 b^{(10)}_{\frac{3}{2}}}{d\alpha^4} = 38371,1, \quad \alpha^5\,\frac{d^5 b^{(10)}_{\frac{3}{2}}}{d\alpha^5} = 652185;$$

$$b^{(11)}_{\frac{3}{2}} = 0,710.04, \quad \alpha\,\frac{d\,b^{(11)}_{\frac{3}{2}}}{d\alpha} = 10,322.7, \quad \alpha^2\,\frac{d^2 b^{(11)}_{\frac{3}{2}}}{d\alpha^2} = 150,571,$$

$$\alpha^3\,\frac{d^3 b^{(11)}_{\frac{3}{2}}}{d\alpha^3} = 2262,83, \quad \alpha^4\,\frac{d^4 b^{(11)}_{\frac{3}{2}}}{d\alpha^4} = 36109,0, \quad \alpha^5\,\frac{d^5 b^{(11)}_{\frac{3}{2}}}{d\alpha^5} = 628611;$$

$$b^{(12)}_{\frac{3}{2}} = 0,532.56, \quad \alpha\,\frac{d\,b^{(12)}_{\frac{3}{2}}}{d\alpha} = 8,266.3, \quad \alpha^2\,\frac{d^2 b^{(12)}_{\frac{3}{2}}}{d\alpha^2} = 128,109,$$

$$\alpha^3\,\frac{d^3 b^{(12)}_{\frac{3}{2}}}{d\alpha^3} = 2027,68, \quad \alpha^4\,\frac{d^4 b^{(12)}_{\frac{3}{2}}}{d\alpha^4} = 33666,9, \quad \alpha^5\,\frac{d^5 b^{(12)}_{\frac{3}{2}}}{d\alpha^5} = 601937.$$

$$b^{(0)}_{\frac{5}{2}} = 85,773.46;$$

$$b^{(2)}_{\frac{5}{2}} = 77,596.73.$$

$$b^{(10)}_{\frac{5}{2}} = 19,873.8, \quad \alpha\,\frac{d\,b^{(10)}_{\frac{5}{2}}}{d\alpha} = 333,297;$$

$$b^{(11)}_{\frac{5}{2}} = 15,922.8, \quad \alpha\,\frac{d\,b^{(11)}_{\frac{5}{2}}}{d\alpha} = 281,564;$$

$$b^{(12)}_{\frac{5}{2}} = 12,675.2.$$

Vénus et Mars.

Log. $\alpha = \overline{1},676.4408.$

$$b_{\frac{1}{2}}^{(0)} = 2,129.673, \quad \alpha\,\frac{d\,b_{\frac{1}{2}}^{(0)}}{d\alpha} = 0,299.909, \quad \alpha^2\,\frac{d^2 b_{\frac{1}{2}}^{(0)}}{d\alpha^2} = 0,494.171,$$

$$\alpha^3\,\frac{d^3 b_{\frac{1}{2}}^{(0)}}{d\alpha^3} = 0,817.062, \quad \alpha^4\,\frac{d^4 b_{\frac{1}{2}}^{(0)}}{d\alpha^4} = 2,404.627 ;$$

$$b_{\frac{1}{2}}^{(1)} = 0,521.625, \quad \alpha\,\frac{d\,b_{\frac{1}{2}}^{(1)}}{d\alpha} = 0,631.754, \quad \alpha^2\,\frac{d^2 b_{\frac{1}{2}}^{(1)}}{d\alpha^2} = 0,409.212,$$

$$\alpha^3\,\frac{d^3 b_{\frac{1}{2}}^{(1)}}{d\alpha^3} = 0,902.708, \quad \alpha^4\,\frac{d^4 b_{\frac{1}{2}}^{(1)}}{d\alpha^4} = 2,357.194 ;$$

$$b_{\frac{1}{2}}^{(2)} = 0,187.725, \quad \alpha\,\frac{d\,b_{\frac{1}{2}}^{(2)}}{d\alpha} = 0,419.712, \quad \alpha^2\,\frac{d^2 b_{\frac{1}{2}}^{(2)}}{d\alpha^2} = 0,630.013,$$

$$\alpha^3\,\frac{d^3 b_{\frac{1}{2}}^{(2)}}{d\alpha^3} = 0,873.507, \quad \alpha^4\,\frac{d^4 b_{\frac{1}{2}}^{(2)}}{d\alpha^4} = 2,510.922 ;$$

$$b_{\frac{1}{2}}^{(3)} = 0,074\ 673, \quad \alpha\,\frac{d\,b_{\frac{1}{2}}^{(3)}}{d\alpha} = 0,242.582, \quad \alpha^2\,\frac{d^2 b_{\frac{1}{2}}^{(3)}}{d\alpha^2} = 0,592.343,$$

$$\alpha^3\,\frac{d^3 b_{\frac{1}{2}}^{(3)}}{d\alpha^3} = 1,140.511 ;$$

$$b_{\frac{1}{2}}^{(4)} = 0,031.121, \quad \alpha\,\frac{d\,b_{\frac{1}{2}}^{(4)}}{d\alpha} = 0,132.469, \quad \alpha^2\,\frac{d^2 b_{\frac{1}{2}}^{(4)}}{d\alpha^2} = 0,451.605 ;$$

$$b_{\frac{1}{2}}^{(5)} = 0,013.33, \quad \alpha\,\frac{d\,b_{\frac{1}{2}}^{(5)}}{d\alpha} = 0,070.12 ;$$

$$b_{\frac{1}{2}}^{(6)} = 0,005.81 ;$$

$$b_{\frac{1}{2}}^{(7)} = 0,002\ 56.$$

$$b^{(0)}_{\frac{3}{2}} = 3,523.568, \quad \alpha\,\frac{d\,b^{(0)}_{\frac{3}{2}}}{d\alpha} = 4,487.544, \quad \alpha^2\,\frac{d^2 b^{(0)}_{\frac{3}{2}}}{d\alpha^2} = 12,571\;57 ;$$

$$b^{(1)}_{\frac{3}{2}} = 2,304.475, \quad \alpha\,\frac{d\,b^{(1)}_{\frac{3}{2}}}{d\alpha} = 4,844.031, \quad \alpha^2\,\frac{d^2 b^{(1)}_{\frac{3}{2}}}{d\alpha^2} = 11,949\;84 ;$$

$$b^{(2)}_{\frac{3}{2}} = 1,325.974, \quad \alpha\,\frac{d\,b^{(2)}_{\frac{3}{2}}}{d\alpha} = 4,023.572, \quad \alpha^2\,\frac{d^2 b^{(2)}_{\frac{3}{2}}}{d\alpha^2} = 11,775.52 ;$$

$$b^{(3)}_{\frac{3}{2}} = 0,722.71 ;$$

$$b^{(4)}_{\frac{3}{2}} = 0,382.19.$$

$$b^{(0)}_{\frac{5}{2}} = 8,410.695 ;$$

$$b^{(2)}_{\frac{5}{2}} = 5,174.477.$$

Vénus et Jupiter.

Log. $\alpha = \overline{1},143.1009.$

$$b^{(0)}_{\frac{1}{2}} = 2,009.770.8, \quad \alpha\,\frac{d\,b^{(0)}_{\frac{1}{2}}}{d\alpha} = 0,019.757.6, \quad \alpha^2\,\frac{d^2 b^{(0)}_{\frac{1}{2}}}{d\alpha^2} = 0,020.633.1,$$

$$\alpha^3\,\frac{d^3 b^{(0)}_{\frac{1}{2}}}{d\alpha^3} = 0,002.698.3, \quad \alpha^4\,\frac{d^4 b^{(0)}_{\frac{1}{2}}}{d\alpha^4} = 0,003.066.3;$$

$$b^{(1)}_{\frac{1}{2}} = 0,140.047.6, \quad \alpha\,\frac{d\,b^{(1)}_{\frac{1}{2}}}{d\alpha} = 0,142.112.8, \quad \alpha^2\,\frac{d^2 b^{(1)}_{\frac{1}{2}}}{d\alpha^2} = 0,006.297.1,$$

$$\alpha^3\,\frac{d^3 b^{(1)}_{\frac{1}{2}}}{d\alpha^3} = 0,006.814.0, \quad \alpha^4\,\frac{d^4 b^{(1)}_{\frac{1}{2}}}{d\alpha^4} = 0,001.613.2;$$

$$b^{(2)}_{\frac{1}{2}} = 0,014.614.7, \quad \alpha\,\frac{d\,b^{(2)}_{\frac{1}{2}}}{d\alpha} = 0,029.469.0, \quad \alpha^2\,\frac{d^2 b^{(2)}_{\frac{1}{2}}}{d\alpha^2} = 0,030.439.6,$$

$$\alpha^3\,\frac{d^3 b^{(2)}_{\frac{1}{2}}}{d\alpha^3} = 0,002.987.1, \quad \alpha^4\,\frac{d^4 b^{(2)}_{\frac{1}{2}}}{d\alpha^4} = 0,003.372.9;$$

$$b^{(3)}_{\frac{1}{2}} = 0,001.693.9, \quad \alpha\,\frac{d\,b^{(3)}_{\frac{1}{2}}}{d\alpha} = 0,005.110.8, \quad \alpha^2\,\frac{d^2 b^{(3)}_{\frac{1}{2}}}{d\alpha^2} = 0,010.369.1;$$

$$b^{(4)}_{\frac{1}{2}} = 0,000.206.1, \quad \alpha\,\frac{d\,b^{(4)}_{\frac{1}{2}}}{d\alpha} = 0,000.828.1;$$

$$b^{(5)}_{\frac{1}{2}} = 0,000.026.$$

$$b^{(0)}_{\frac{3}{2}} = 2,089.677, \quad \alpha\,\frac{d\,b^{(0)}_{\frac{3}{2}}}{d\alpha} = 0,184.894, \quad \alpha^2\,\frac{d^2 b^{(0)}_{\frac{3}{2}}}{d\alpha^2} = 0,207.652;$$

$$b^{(1)}_{\frac{3}{2}} = 0,432.635, \quad \alpha\,\frac{d\,b^{(1)}_{\frac{3}{2}}}{d\alpha} = 0,464.638, \quad \alpha^2\,\frac{d^2 b^{(1)}_{\frac{3}{2}}}{d\alpha^2} = 0,099.688;$$

$$b^{(2)}_{\frac{3}{2}} = 0,075\ 003, \quad \alpha\,\frac{d\,b^{(2)}_{\frac{3}{2}}}{d\alpha} = 0,155.185, \quad \alpha^2\,\frac{d^2 b^{(2)}_{\frac{3}{2}}}{d\alpha^2} = 0,176.481.$$

$$b^{(0)}_{\frac{5}{2}} = 2,256.556;$$

$$b^{(2)}_{\frac{5}{2}} = 0,181\ 977.$$

Vénus et Saturne.

$\text{Log. } \alpha = \overline{2},879.8417.$

$$b_{\frac{1}{2}}^{(0)} = 2,002.884.4, \quad \alpha\,\frac{d\,b_{\frac{1}{2}}^{(0)}}{d\alpha} = 0,005.787.6, \quad \alpha^2\,\frac{d^2 b_{\frac{1}{2}}^{(0)}}{d\alpha^2} = 0,005.862.9,$$

$$\alpha^3\,\frac{d^3 b_{\frac{1}{2}}^{(0)}}{d\alpha^3} = 0,000.227.7, \quad \alpha^4\,\frac{d^4 b_{\frac{1}{2}}^{(0)}}{d\alpha^4} = 0,000.236.8;$$

$$b_{\frac{1}{2}}^{(1)} = 0,075.994.2, \quad \alpha\,\frac{d\,b_{\frac{1}{2}}^{(1)}}{d\alpha} = 0,076.323.6, \quad \alpha^2\,\frac{d^2 b_{\frac{1}{2}}^{(1)}}{d\alpha^2} = 0,000.992.9,$$

$$\alpha^3\,\frac{d^3 b_{\frac{1}{2}}^{(1)}}{d\alpha^3} = 0,001.016.9, \quad \alpha^4\,\frac{d^4 b_{\frac{1}{2}}^{(1)}}{d\alpha^4} = 0,000.072.6;$$

$$b_{\frac{1}{2}}^{(2)} = 0,004.323.0, \quad \alpha\,\frac{d\,b_{\frac{1}{2}}^{(2)}}{d\alpha} = 0,008.666.9, \quad \alpha^2\,\frac{d^2 b_{\frac{1}{2}}^{(2)}}{d\alpha^2} = 0,008.750.5,$$

$$\alpha^3\,\frac{d^3 b_{\frac{1}{2}}^{(2)}}{d\alpha^3} = 0,000.252.7, \quad \alpha^4\,\frac{d^4 b_{\frac{1}{2}}^{(2)}}{d\alpha^4} = 0,000.262.3;$$

$$b_{\frac{1}{2}}^{(3)} = 0,000,273.2, \quad \alpha\,\frac{d\,b_{\frac{1}{2}}^{(3)}}{d\alpha} = 0,000.821.0;$$

$$b_{\frac{1}{2}}^{(4)} = 0,000.018.1.$$

$$b_{\frac{3}{2}}^{(0)} = 2,026.110, \quad \alpha\,\frac{d\,b_{\frac{3}{2}}^{(0)}}{d\alpha} = 0,052.693, \quad \alpha^2\,\frac{d^2 b_{\frac{3}{2}}^{(0)}}{d\alpha^2} = 0,054.597;$$

$$b_{\frac{3}{2}}^{(1)} = 0,229.964, \quad \alpha\,\frac{d\,b_{\frac{3}{2}}^{(1)}}{d\alpha} = 0,234.952, \quad \alpha^2\,\frac{d^2 b_{\frac{3}{2}}^{(1)}}{d\alpha^2} = 0,015.134;$$

$$b_{\frac{3}{2}}^{(2)} = 0,021.782, \quad \alpha\,\frac{d\,b_{\frac{3}{2}}^{(2)}}{d\alpha} = 0,044.005, \quad \alpha^2\,\frac{d^2 b_{\frac{3}{2}}^{(2)}}{d\alpha^2} = 0,045.784.$$

$$b_{\frac{5}{2}}^{(0)} = 2,073.160;$$

$$b_{\frac{5}{2}}^{(2)} = 0,051.414.$$

Nº III.

Vénus et Uranus.

Log. $\alpha = \overline{2},576.4274.$

$$b_{\frac{1}{2}}^{(0)} = 2,000.711.5, \quad \alpha \frac{d\,b_{\frac{1}{2}}^{(0)}}{d\alpha} = 0,001.424.1, \quad \alpha^2 \frac{d^2 b_{\frac{1}{2}}^{(0)}}{d\alpha^2} = 0,001.428.7,$$

$$\alpha^3 \frac{d^3 b_{\frac{1}{2}}^{(0)}}{d\alpha^3} = 0,000.013.7, \quad \alpha^4 \frac{d^4 b_{\frac{1}{2}}^{(0)}}{d\alpha^4} = 0,000.013.8;$$

$$b_{\frac{1}{2}}^{(1)} = 0,037.727.6, \quad \alpha \frac{d\,b_{\frac{1}{2}}^{(1)}}{d\alpha} = 0,037.767.9, \quad \alpha^2 \frac{d^2 b_{\frac{1}{2}}^{(1)}}{d\alpha^2} = 0,000.121.0,$$

$$\alpha^3 \frac{d^3 b_{\frac{1}{2}}^{(1)}}{d\alpha^3} = 0,000.121.7, \quad \alpha^4 \frac{d^4 b_{\frac{1}{2}}^{(1)}}{d\alpha^4} = 0,000.002.2;$$

$$b_{\frac{1}{2}}^{(2)} = 0,001.067.0, \quad \alpha \frac{d\,b_{\frac{1}{2}}^{(2)}}{d\alpha} = 0,002.135.3, \quad \alpha^2 \frac{d^2 b_{\frac{1}{2}}^{(2)}}{d\alpha^2} = 0,002.140.4,$$

$$\alpha^3 \frac{d^3 b_{\frac{1}{2}}^{(2)}}{d\alpha^3} = 0,000.015.2, \quad \alpha^4 \frac{d^4 b_{\frac{1}{2}}^{(2)}}{d\alpha^4} = 0,000.015.4;$$

$$b_{\frac{1}{2}}^{(3)} = 0,000.033.5.$$

$$b_{\frac{3}{2}}^{(0)} = 2,006.413, \quad \alpha \frac{d\,b_{\frac{3}{2}}^{(0)}}{d\alpha} = 0,012.854, \quad \alpha^2 \frac{d^2 b_{\frac{3}{2}}^{(0)}}{d\alpha^2} = 0,012.968;$$

$$b_{\frac{3}{2}}^{(1)} = 0,113.425, \quad \alpha \frac{d\,b_{\frac{3}{2}}^{(1)}}{d\alpha} = 0,114.030, \quad \alpha^2 \frac{d^2 b_{\frac{3}{2}}^{(1)}}{d\alpha^2} = 0,001.822;$$

$$b_{\frac{3}{2}}^{(2)} = 0,005.345, \quad \alpha \frac{d\,b_{\frac{3}{2}}^{(2)}}{d\alpha} = 0,010.717, \quad \alpha^2 \frac{d^2 b_{\frac{3}{2}}^{(2)}}{d\alpha^2} = 0,010.824.$$

$$b_{\frac{5}{2}}^{(0)} = 2,017.850;$$

$$b_{\frac{5}{2}}^{(2)} = 0,012.508.$$

La Terre et Mars.

Log. $\alpha = \overline{1},817.1030$.

$$b_{\frac{1}{2}}^{(0)} = 2,291.137, \quad \alpha \, \frac{d\,b_{\frac{1}{2}}^{(0)}}{d\alpha} = 0,805.988, \quad \alpha^2 \, \frac{d^2 b_{\frac{1}{2}}^{(0)}}{d\alpha^2} = 2,147,257,$$

$$\alpha^3 \, \frac{d^3 b_{\frac{1}{2}}^{(0)}}{d\alpha^3} = 8,206.729, \quad \alpha^4 \, \frac{d^4 b_{\frac{1}{2}}^{(0)}}{d\alpha^4} = 48,384.95\,;$$

$$b_{\frac{1}{2}}^{(1)} = 0,804.569, \quad \alpha \, \frac{d\,b_{\frac{1}{2}}^{(1)}}{d\alpha} = 1,228.077, \quad \alpha^2 \, \frac{d^2 b_{\frac{1}{2}}^{(1)}}{d\alpha^2} = 2,043.680,$$

$$\alpha^3 \, \frac{d^3 b_{\frac{1}{2}}^{(1)}}{d\alpha^3} = 8,417.163, \quad \alpha^4 \, \frac{d^4 b_{\frac{1}{2}}^{(1)}}{d\alpha^4} = 48,472.25\,;$$

$$b_{\frac{1}{2}}^{(2)} = 0,405.590, \quad \alpha \, \frac{d\,b_{\frac{1}{2}}^{(2)}}{d\alpha} = 1,050.887, \quad \alpha^2 \, \frac{d^2 b_{\frac{1}{2}}^{(2)}}{d\alpha^2} = 2,468.640,$$

$$\alpha^3 \, \frac{d^3 b_{\frac{1}{2}}^{(2)}}{d\alpha^3} = 8,533.175, \quad \alpha^4 \, \frac{d^4 b_{\frac{1}{2}}^{(2)}}{d\alpha^4} = 49,435.26.$$

$$b_{\frac{1}{2}}^{(3)} = 0,224.605, \quad \alpha \, \frac{d\,b_{\frac{1}{2}}^{(3)}}{d\alpha} = 0,814.450, \quad \alpha^2 \, \frac{d^2 b_{\frac{1}{2}}^{(3)}}{d\alpha^2} = 2,609.429,$$

$$\alpha^3 \, \frac{d^3 b_{\frac{1}{2}}^{(3)}}{d\alpha^3} = 9,411.968\,;$$

$$b_{\frac{1}{2}}^{(4)} = 0,129.982, \quad \alpha \, \frac{d\,b_{\frac{1}{2}}^{(4)}}{d\alpha} = 0,604.230, \quad \alpha^2 \, \frac{d^2 b_{\frac{1}{2}}^{(4)}}{d\alpha^2} = 2,488.200,$$

$$\alpha^3 \, \frac{d^3 b_{\frac{1}{2}}^{(4)}}{d\alpha^3} = 10,293.69\,;$$

$$b_{\frac{1}{2}}^{(5)} = 0,077.18, \quad \alpha \, \frac{d\,b_{\frac{1}{2}}^{(5)}}{d\alpha} = 0,437.18, \quad \alpha^2 \, \frac{d^2 b_{\frac{1}{2}}^{(5)}}{d\alpha^2} = 2,212.4,$$

$$\alpha^3 \, \frac{d^3 b_{\frac{1}{2}}^{(5)}}{d\alpha^3} = 10,725.0\,;$$

$$b^{(6)}_{\frac{1}{2}} = 0,046.61, \quad \alpha\,\frac{d\,b^{(6)}_{\frac{1}{2}}}{d\alpha} = 0,311.18, \quad \alpha^2\,\frac{d^2 b^{(6)}_{\frac{1}{2}}}{d\alpha^2} = 1,873.0;$$

$$b^{(7)}_{\frac{1}{2}} = 0,028.49, \quad \alpha\,\frac{d\,b^{(7)}_{\frac{1}{2}}}{d\alpha} = 0,218.94;$$

$$b^{(8)}_{\frac{1}{2}} = 0,017.57.$$

$$b^{(0)}_{\frac{3}{2}} = 6,856.360, \quad \alpha\,\frac{d\,b^{(0)}_{\frac{3}{2}}}{d\alpha} = 22,166.97, \quad \alpha^2\,\frac{d^2 b^{(0)}_{\frac{3}{2}}}{d\alpha^2} = 125,157.4;$$

$$b^{(1)}_{\frac{3}{2}} = 5,727.912, \quad \alpha\,\frac{d\,b^{(1)}_{\frac{3}{2}}}{d\alpha} = 22,319.80, \quad \alpha^2\,\frac{d^2 b^{(1)}_{\frac{3}{2}}}{d\alpha^2} = 123,741.8;$$

$$b^{(2)}_{\frac{3}{2}} = 4,404.531, \quad \alpha\,\frac{d\,b^{(2)}_{\frac{3}{2}}}{d\alpha} = 20,876.38, \quad \alpha^2\,\frac{d^2 b^{(2)}_{\frac{3}{2}}}{d\alpha^2} = 121,510.7;$$

$$b^{(3)}_{\frac{3}{2}} = 3,255.94, \quad \alpha\,\frac{d\,b^{(3)}_{\frac{3}{2}}}{d\alpha} = 18,386.9;$$

$$b^{(4)}_{\frac{3}{2}} = 2,351.16, \quad \alpha\,\frac{d\,b^{(4)}_{\frac{3}{2}}}{d\alpha} = 15,483.9;$$

$$b^{(5)}_{\frac{3}{2}} = 1,671.52, \quad \alpha\,\frac{d\,b^{(5)}_{\frac{3}{2}}}{d\alpha} = 12,606.0.$$

$$b^{(0)}_{\frac{5}{2}} = 38,003.72;$$

$$b^{(2)}_{\frac{5}{2}} = 32,185.31.$$

La Terre et Jupiter.

Log. $\alpha = \overline{1},283.7630$.

$$b^{(0)}_{\frac{1}{2}} = 2,018.865.2, \quad \alpha\,\frac{d\,b^{(0)}_{\frac{1}{2}}}{d\alpha} = 0,038.539.2, \quad \alpha^2\,\frac{d^2 b^{(0)}_{\frac{1}{2}}}{d\alpha^2} = 0,041.860.3,$$

$$\alpha^3\,\frac{d^3 b^{(0)}_{\frac{1}{2}}}{d\alpha^3} = 0,010.493.6, \quad \alpha^4\,\frac{d^4 b^{(0)}_{\frac{1}{2}}}{d\alpha^4} = 0,013.270.2;$$

$$b^{(1)}_{\frac{1}{2}} = 0,194.930.1, \quad \alpha\,\frac{d\,b^{(1)}_{\frac{1}{2}}}{d\alpha} = 0,200.511.8, \quad \alpha^2\,\frac{d^2 b^{(1)}_{\frac{1}{2}}}{d\alpha^2} = 0,017.278.9,$$

$$\alpha^3\,\frac{d^3 b^{(1)}_{\frac{1}{2}}}{d\alpha^3} = 0,020.038.5, \quad \alpha^4\,\frac{d^4 b^{(1)}_{\frac{1}{2}}}{d\alpha^4} = 0,008.926.7;$$

$$b^{(2)}_{\frac{1}{2}} = 0,028,144.0, \quad \alpha\,\frac{d\,b^{(2)}_{\frac{1}{2}}}{d\alpha} = 0,057.184.1, \quad \alpha^2\,\frac{d^2 b^{(2)}_{\frac{1}{2}}}{d\alpha^2} = 0,060.858.6,$$

$$\alpha^3\,\frac{d^3 b^{(2)}_{\frac{1}{2}}}{d\alpha^3} = 0,011.579.1, \quad \alpha^4\,\frac{d^4 b^{(2)}_{\frac{1}{2}}}{d\alpha^4} = 0,014.485.2;$$

$$b^{(3)}_{\frac{1}{2}} = 0,004.511.4, \quad \alpha\,\frac{d\,b^{(3)}_{\frac{1}{2}}}{d\alpha} = 0,013.685.1, \quad \alpha^2\,\frac{d^2 b^{(3)}_{\frac{1}{2}}}{d\alpha^2} = 0,028.140.3;$$

$$b^{(4)}_{\frac{1}{2}} = 0,000.759.1, \quad \alpha\,\frac{d\,b^{(4)}_{\frac{1}{2}}}{d\alpha} = 0,003.062.4;$$

$$b^{(5)}_{\frac{1}{2}} = 0,000.131, \quad \alpha\,\frac{d\,b^{(5)}_{\frac{1}{2}}}{d\alpha} = 0,000.661.$$

$$b^{(6)}_{\frac{1}{2}} = 0,000.023.$$

$$b^{(0)}_{\frac{3}{2}} = 2,176.343, \quad \alpha\,\frac{d\,b^{(0)}_{\frac{3}{2}}}{d\alpha} = 0,373.925, \quad \alpha^2\,\frac{d^2 b^{(0)}_{\frac{3}{2}}}{d\alpha^2} = 0,463.468,$$

$$b_{\frac{3}{2}}^{(1)} = 0,618.814, \quad \alpha\,\frac{d\,b_{\frac{3}{2}}^{(1)}}{d\alpha} = 0,707.968, \quad \alpha^2\,\frac{d^2 b_{\frac{3}{2}}^{(1)}}{d\alpha^2} = 0,287.427;$$

$$b_{\frac{3}{2}}^{(2)} = 0,147.979, \quad \alpha\,\frac{d\,b_{\frac{3}{2}}^{(2)}}{d\alpha} = 0,315.872, \quad \alpha^2\,\frac{d^2 b_{\frac{3}{2}}^{(2)}}{d\alpha^2} = 0,399.832;$$

$$b_{\frac{3}{2}}^{(3)} = 0,033.10;$$

$$b_{\frac{5}{2}}^{(a)} = 2,518.692;$$

$$b_{\frac{5}{2}}^{(2)} = 0,372.314.$$

La Terre et Saturne.

Log. $\alpha = \overline{1},020.5039.$

$$b_{\frac{1}{2}}^{(0)} = 2,005.529.4, \quad \alpha\,\frac{d\,b_{\frac{1}{2}}^{(0)}}{d\alpha} = 0,011.127.7, \quad \alpha^2\,\frac{d^2 b_{\frac{1}{2}}^{(0)}}{d\alpha^2} = 0,011.405.8,$$

$$\alpha^3\,\frac{d^3 b_{\frac{1}{2}}^{(0)}}{d\alpha^3} = 0,000.847.2, \quad \alpha^4\,\frac{d^4 b_{\frac{1}{2}}^{(0)}}{d\alpha^4} = 0,000.912.4;$$

$$b_{\frac{1}{2}}^{(1)} = 0,105.269.5, \quad \alpha\,\frac{d\,b_{\frac{1}{2}}^{(1)}}{d\alpha} = 0,106.145.6, \quad \alpha^2\,\frac{d^2 b_{\frac{1}{2}}^{(1)}}{d\alpha^2} = 0,002.652.7,$$

$$\alpha^3\,\frac{d^3 b_{\frac{1}{2}}^{(1)}}{d\alpha^3} = 0,002.775.5, \quad \alpha^4\,\frac{d^4 b_{\frac{1}{2}}^{(1)}}{d\alpha^4} = 0,000.376.7;$$

$$b_{\frac{1}{2}}^{(2)} = 0,008.280.7, \quad \alpha\,\frac{d\,b_{\frac{1}{2}}^{(2)}}{d\alpha} = 0,016.638.0, \quad \alpha^2\,\frac{d^2 b_{\frac{1}{2}}^{(2)}}{d\alpha^2} = 0,016.946.6,$$

$$\alpha^3\,\frac{d^3 b_{\frac{1}{2}}^{(2)}}{d\alpha^3} = 0,000.939.3, \quad \alpha^4\,\frac{d^4 b_{\frac{1}{2}}^{(2)}}{d\alpha^4} = 0,001.007.8;$$

$$b_{\frac{1}{2}}^{(3)} = 0,000.723.6, \quad \alpha \frac{d\,b_{\frac{1}{2}}^{(3)}}{d\alpha} = 0,002.177.8;$$

$$b_{\frac{1}{2}}^{(4)} = 0,000.066.4.$$

$$b_{\frac{3}{2}}^{(0)} = 2,050.318, \quad \alpha \frac{d\,b_{\frac{3}{2}}^{(0)}}{d\alpha} = 0,102.387, \quad \alpha^2 \frac{d^2 b_{\frac{3}{2}}^{(0)}}{d\alpha^2} = 0,109.495;$$

$$b_{\frac{3}{2}}^{(1)} = 0,321\ 089, \quad \alpha \frac{d\,b_{\frac{3}{2}}^{(1)}}{d\alpha} = 0,334.476, \quad \alpha^2 \frac{d^2 b_{\frac{3}{2}}^{(1)}}{d\alpha^2} = 0,041.027;$$

$$b_{\frac{3}{2}}^{(2)} = 0,042.018, \quad \alpha \frac{d\,b_{\frac{3}{2}}^{(2)}}{d\alpha} = 0,085.672, \quad \alpha^2 \frac{d^2 b_{\frac{3}{2}}^{(2)}}{d\alpha^2} = 0,092.316;$$

$$b_{\frac{5}{2}}^{(0)} = 2,142.119;$$

$$b_{\frac{5}{2}}^{(2)} = 0,100.235.$$

La Terre et Uranus.

Log. $\alpha = \overline{2},717.0896.$

$$b_{\frac{1}{2}}^{(0)} = 2,001.360.9, \quad \alpha \frac{d\,b_{\frac{1}{2}}^{(0)}}{d\alpha} = 0,002.725.9, \quad \alpha^2 \frac{d^2 b_{\frac{1}{2}}^{(0)}}{d\alpha^2} = 0,002.742.6,$$

$$\alpha^3 \frac{d^3 b_{\frac{1}{2}}^{(0)}}{d\alpha^3} = 0,000.050.3, \quad \alpha^4 \frac{d^4 b_{\frac{1}{2}}^{(0)}}{d\alpha^4} = 0,000.051.3;$$

$$b_{\frac{1}{2}}^{(1)} = 0,052.183.4, \quad \alpha \frac{d\,b_{\frac{1}{2}}^{(1)}}{d\alpha} = 0,052.290.1, \quad \alpha^2 \frac{d^2 b_{\frac{1}{2}}^{(1)}}{d\alpha^2} = 0,000.320.6,$$

$$\alpha^3 \frac{d^3 b_{\frac{1}{2}}^{(1)}}{d\alpha^3} = 0,000.324.2, \quad \alpha^4 \frac{d^4 b_{\frac{1}{2}}^{(1)}}{d\alpha^4} = 0,000.011.0;$$

$$b_{\frac{1}{2}}^{(2)} = 0,002.040.5, \quad \alpha \, \frac{d\,b_{\frac{1}{2}}^{(2)}}{d\alpha} = 0,004.085.6, \quad \alpha^2 \, \frac{d^2 b_{\frac{1}{2}}^{(2)}}{d\alpha^2} = 0,004.104.2,$$

$$\alpha^3 \, \frac{d^3 b_{\frac{1}{2}}^{(2)}}{d\alpha^3} = 0,000.055.9, \quad \alpha^4 \, \frac{d^4 b_{\frac{1}{2}}^{(2)}}{d\alpha^4} = 0,000.056.9;$$

$$b_{\frac{1}{2}}^{(3)} = 0,000.088.6.$$

$$b_{\frac{3}{2}}^{(0)} = 2,012.281, \quad \alpha \, \frac{d\,b_{\frac{3}{2}}^{(0)}}{d\alpha} = 0,024.667, \quad \alpha^2 \, \frac{d^2 b_{\frac{3}{2}}^{(0)}}{d\alpha^2} = 0,025.087 \,;$$

$$b_{\frac{3}{2}}^{(1)} = 0,157.191, \quad \alpha \, \frac{d\,b_{\frac{3}{2}}^{(1)}}{d\alpha} = 0,158.797, \quad \alpha^2 \, \frac{d^2 b_{\frac{3}{2}}^{(1)}}{d\alpha^2} = 0,004.845 \,;$$

$$b_{\frac{3}{2}}^{(2)} = 0,010.239, \quad \alpha \, \frac{d\,b_{\frac{3}{2}}^{(2)}}{d\alpha} = 0,020.577, \quad \alpha^2 \, \frac{d^2 b_{\frac{3}{2}}^{(2)}}{d\alpha^2} = 0,020.969.$$

$$b_{\frac{5}{2}}^{(0)} = 2,034.253 \,;$$

$$b_{\frac{5}{2}}^{(2)} = 0,024.023.$$

Mars et Jupiter.

Log. $\alpha = \overline{1},466.6601.$

$$b_{\frac{1}{2}}^{(0)} = 2,045.084.3, \quad \alpha \, \frac{d\,b_{\frac{1}{2}}^{(0)}}{d\alpha} = 0,094.852.6, \quad \alpha^2 \, \frac{d^2 b_{\frac{1}{2}}^{(0)}}{d\alpha^2} = 0,114.799.7,$$

$$\alpha^3 \, \frac{d^3 b_{\frac{1}{2}}^{(0)}}{d\alpha^3} = 0,067.623.9, \quad \alpha^4 \, \frac{d^4 b_{\frac{1}{2}}^{(0)}}{d\alpha^4} = 0,111.004.3;$$

$$b_{\frac{1}{2}}^{(1)} = 0,302.817.9, \quad \alpha \, \frac{d\,b_{\frac{1}{2}}^{(1)}}{d\alpha} = 0,323.884.0, \quad \alpha^2 \, \frac{d^2 b_{\frac{1}{2}}^{(1)}}{d\alpha^2} = 0,068.111.3,$$

$$\alpha^3 \, \frac{d^3 b_{\frac{1}{2}}^{(1)}}{d\alpha^3} = 0,094.686.0, \quad \alpha^4 \, \frac{d^4 b_{\frac{1}{2}}^{(1)}}{d\alpha^4} = 0,094.977.3;$$

$$b_{\frac{1}{2}}^{(2)} = 0,066.762.3, \quad \alpha\,\frac{d\,b_{\frac{1}{2}}^{(2)}}{d\alpha} = 0,138.694.6, \quad \alpha^2\,\frac{d^2 b_{\frac{1}{2}}^{(2)}}{d\alpha^2} = 0,160.640.5,$$

$$\alpha^3\,\frac{d^3 b_{\frac{1}{2}}^{(2)}}{d\alpha^3} = 0,073.966.1, \quad \alpha^4\,\frac{d^4 b_{\frac{1}{2}}^{(2)}}{d\alpha^4} = 0,119.187.1;$$

$$b_{\frac{1}{2}}^{(3)} = 0,016.324.1, \quad \alpha\,\frac{d\,b_{\frac{1}{2}}^{(3)}}{d\alpha} = 0,050.301.7, \quad \alpha^2\,\frac{d^2 b_{\frac{1}{2}}^{(3)}}{d\alpha^2} = 0,107.584.8,$$

$$\alpha^3\,\frac{d^3 b_{\frac{1}{2}}^{(3)}}{d\alpha^3} = 0,137.998.5;$$

$$b_{\frac{1}{2}}^{(4)} = 0,004.187.9, \quad \alpha\,\frac{d\,b_{\frac{1}{2}}^{(4)}}{d\alpha} = 0,017.102.6, \quad \alpha^2\,\frac{d^2 b_{\frac{1}{2}}^{(4)}}{d\alpha^2} = 0,053.505.0;$$

$$b_{\frac{1}{2}}^{(5)} = 0,001.104.6, \quad \alpha\,\frac{d\,b_{\frac{1}{2}}^{(5)}}{d\alpha} = 0,005.617.7;$$

$$b_{\frac{1}{2}}^{(6)} = 0,000.296.7, \quad \alpha\,\frac{d\,b_{\frac{1}{2}}^{(6)}}{d\alpha} = 0,001.806.0;$$

$$b_{\frac{1}{2}}^{(7)} = 0,000.080.7.$$

$$b_{\frac{3}{2}}^{(0)} = 2,444.442, \quad \alpha\,\frac{d\,b_{\frac{3}{2}}^{(0)}}{d\alpha} = 1,021.033, \quad \alpha^2\,\frac{d^2 b_{\frac{3}{2}}^{(0)}}{d\alpha^2} = 1,617.569;$$

$$b_{\frac{3}{2}}^{(1)} = 1,039.763, \quad \alpha\,\frac{d\,b_{\frac{3}{2}}^{(1)}}{d\alpha} = 1,406.894, \quad \alpha^2\,\frac{d^2 b_{\frac{3}{2}}^{(1)}}{d\alpha^2} = 1,302.669;$$

$$b_{\frac{3}{2}}^{(2)} = 0,376.437, \quad \alpha\,\frac{d\,b_{\frac{3}{2}}^{(2)}}{d\alpha} = 0,877.169, \quad \alpha^2\,\frac{d^2 b_{\frac{3}{2}}^{(2)}}{d\alpha^2} = 1,440.153;$$

$$b_{\frac{3}{2}}^{(3)} = 0,127.897;$$

$$b_{\frac{5}{2}}^{(0)} = 3,418.309;$$

$$b_{\frac{5}{2}}^{(2)} = 1,051.391.$$

N° III.

Mars et Saturne.

Log. $\alpha = \overline{1},203.4009$.

$$b^{(0)}_{\frac{1}{2}} = 2,012.944.1, \quad \alpha\,\frac{d b^{(0)}_{\frac{1}{2}}}{d\alpha} = 0,026.267.8, \quad \alpha^2\,\frac{d^2 b^{(0)}_{\frac{1}{2}}}{d\alpha^2} = 0,027.813.6,$$

$$\alpha^3\,\frac{d^3 b^{(0)}_{\frac{1}{2}}}{d\alpha^3} = 0,004.806.1, \quad \alpha^4\,\frac{d^4 b^{(0)}_{\frac{1}{2}}}{d\alpha^4} = 0,005.675.9;$$

$$b^{(1)}_{\frac{1}{2}} = 0,161.288.5, \quad \alpha\,\frac{d b^{(1)}_{\frac{1}{2}}}{d\alpha} = 0,164.445.6, \quad \alpha^2\,\frac{d^2 b^{(1)}_{\frac{1}{2}}}{d\alpha^2} = 0,009.677.5,$$

$$\alpha^3\,\frac{d^3 b^{(1)}_{\frac{1}{2}}}{d\alpha^3} = 0,010.732.7, \quad \alpha^4\,\frac{d^4 b^{(1)}_{\frac{1}{2}}}{d\alpha^4} = 0,003.334.9;$$

$$b^{(2)}_{\frac{1}{2}} = 0,019.343.4, \quad \alpha\,\frac{d b^{(2)}_{\frac{1}{2}}}{d\alpha} = 0,039.107.8, \quad \alpha^2\,\frac{d^2 b^{(2)}_{\frac{1}{2}}}{d\alpha^2} = 0,040.820.4,$$

$$\alpha^3\,\frac{d^3 b^{(2)}_{\frac{1}{2}}}{d\alpha^3} = 0,005.314.4, \quad \alpha^4\,\frac{d^4 b^{(2)}_{\frac{1}{2}}}{d\alpha^4} = 0,006.225.7;$$

$$b^{(3)}_{\frac{1}{2}} = 0,002.576.3, \quad \alpha\,\frac{d b^{(3)}_{\frac{1}{2}}}{d\alpha} = 0,007.787.6, \quad \alpha^2\,\frac{d^2 b^{(3)}_{\frac{1}{2}}}{d\alpha^2} = 0,015.873.9,$$

$$b^{(4)}_{\frac{1}{2}} = 0,000.360.2, \quad \alpha\,\frac{d b^{(4)}_{\frac{1}{2}}}{d\alpha} = 0,001.449.3;$$

$$b^{(5)}_{\frac{1}{2}} = 0,000.051.8.$$

$$b^{(0)}_{\frac{3}{2}} = 2,119.561, \quad \alpha\,\frac{d b^{(0)}_{\frac{3}{2}}}{d\alpha} = 0,248.945, \quad \alpha^2\,\frac{d^2 b^{(0)}_{\frac{3}{2}}}{d\alpha^2} = 0,289.641;$$

$$b^{(1)}_{\frac{3}{2}} = 0,503.014, \quad \alpha\,\frac{d b^{(1)}_{\frac{3}{2}}}{d\alpha} = 0,552.457, \quad \alpha^2\,\frac{d^2 b^{(1)}_{\frac{3}{2}}}{d\alpha^2} = 0,155.884;$$

$$b^{(2)}_{\frac{3}{2}} = 0,100.113, \quad \alpha\,\frac{d b^{(2)}_{\frac{3}{2}}}{d\alpha} = 0,209.416, \quad \alpha^2\,\frac{d^2 b^{(2)}_{\frac{3}{2}}}{d\alpha^2} = 0,247.529;$$

$$b^{(0)}_{\frac{5}{2}} = 2,345.367;$$

$$b^{(2)}_{\frac{5}{2}} = 0,246.001.$$

Mars et Uranus.

Log. $\alpha = \bar{2},899.9866$.

$$b_{\frac{1}{2}}^{(0)} = 2,003.165.8, \quad \alpha \, \frac{d b_{\frac{1}{2}}^{(0)}}{d\alpha} = 0,006.354.3, \quad \alpha^2 \, \frac{d^2 b_{\frac{1}{2}}^{(0)}}{d\alpha^2} = 0,006.445.0,$$

$$\alpha^3 \, \frac{d^3 b_{\frac{1}{2}}^{(0)}}{d\alpha^3} = 0,000.274.7, \quad \alpha^4 \, \frac{d^4 b_{\frac{1}{2}}^{(0)}}{d\alpha^4} = 0,000.286.7;$$

$$b_{\frac{1}{2}}^{(1)} = 0,079.619.0, \quad \alpha \, \frac{d b_{\frac{1}{2}}^{(1)}}{d\alpha} = 0,079.997.9, \quad \alpha^2 \, \frac{d^2 b_{\frac{1}{2}}^{(1)}}{d\alpha^2} = 0,001.142.5,$$

$$\alpha^3 \, \frac{d^3 b_{\frac{1}{2}}^{(1)}}{d\alpha^3} = 0,001.172.7, \quad \alpha^4 \, \frac{d^4 b_{\frac{1}{2}}^{(1)}}{d\alpha^4} = 0,000.091.8;$$

$$b_{\frac{1}{2}}^{(2)} = 0,004.744.4, \quad \alpha \, \frac{d b_{\frac{1}{2}}^{(2)}}{d\alpha} = 0,009.513.8, \quad \alpha^2 \, \frac{d^2 b_{\frac{1}{2}}^{(2)}}{d\alpha^2} = 0,009.614.6,$$

$$\alpha^3 \, \frac{d^3 b_{\frac{1}{2}}^{(2)}}{d\alpha^3} = 0,000.304.8, \quad \alpha^4 \, \frac{d^4 b_{\frac{1}{2}}^{(2)}}{d\alpha^4} = 0,000.317.5;$$

$$b_{\frac{1}{2}}^{(3)} = 0,000.314.1, \quad \alpha \, \frac{d b_{\frac{1}{2}}^{(3)}}{d\alpha} = 0,000.944.0;$$

$$b_{\frac{1}{2}}^{(4)} = 0,000.021.8.$$

$$b_{\frac{3}{2}}^{(0)} = 2,028.674, \quad \alpha \, \frac{d b_{\frac{3}{2}}^{(0)}}{d\alpha} = 0,057.917, \quad \alpha^2 \, \frac{d^2 b_{\frac{3}{2}}^{(0)}}{d\alpha^2} = 0,060.214;$$

$$b_{\frac{3}{2}}^{(1)} = 0,241.136, \quad \alpha \, \frac{d b_{\frac{3}{2}}^{(1)}}{d\alpha} = 0,246.879, \quad \alpha^2 \, \frac{d^2 b_{\frac{3}{2}}^{(1)}}{d\alpha^2} = 0,017.441,$$

$$b_{\frac{3}{2}}^{(2)} = 0,023\ 923, \quad \alpha \, \frac{d b_{\frac{3}{2}}^{(2)}}{d\alpha} = 0,048.378, \quad \alpha^2 \, \frac{d^2 b_{\frac{3}{2}}^{(2)}}{d\alpha^2} = 0,050.524.$$

$$b_{\frac{5}{2}}^{(0)} = 2,080.411;$$

$$b_{\frac{5}{2}}^{(2)} = 0,056\ 532.$$

Jupiter et Saturne.

Log. $\alpha = \bar{1},736.7408.$

$$b_{\frac{1}{2}}^{(0)} = 2,180.331.1, \quad \alpha\,\frac{d\,b_{\frac{1}{2}}^{(0)}}{d\alpha} = 0,441.319.5, \quad \alpha^2\,\frac{d^2 b_{\frac{1}{2}}^{(0)}}{d\alpha^2} = 0,855.787.2,$$

$$\alpha^3\,\frac{d^3 b_{\frac{1}{2}}^{(0)}}{d\alpha^3} = 1,969.618, \quad \alpha^4\,\frac{d^4 b_{\frac{1}{2}}^{(0)}}{d\alpha^4} = 7,476.602, \quad \alpha^5\,\frac{d^5 b_{\frac{1}{2}}^{(0)}}{d\alpha^5} = 36,069.7 \,;$$

$$b_{\frac{1}{2}}^{(1)} = 0,620.814.0, \quad \alpha\,\frac{d\,b_{\frac{1}{2}}^{(1)}}{d\alpha} = 0,809.118.8, \quad \alpha^2\,\frac{d^2 b_{\frac{1}{2}}^{(1)}}{d\alpha^2} = 0,759.888.8,$$

$$\alpha^3\,\frac{d^3 b_{\frac{1}{2}}^{(1)}}{d\alpha^3} = 2,091.336, \quad \alpha^4\,\frac{d^4 b_{\frac{1}{2}}^{(1)}}{d\alpha^4} = 7,433.654, \quad \alpha^5\,\frac{d^5 b_{\frac{1}{2}}^{(1)}}{d\alpha^5} = 36,395.8 \,;$$

$$b_{\frac{1}{2}}^{(2)} = 0,257.767.7, \quad \alpha\,\frac{d\,b_{\frac{1}{2}}^{(2)}}{d\alpha} = 0,603.007.6, \quad \alpha^2\,\frac{d^2 b_{\frac{1}{2}}^{(2)}}{d\alpha^2} = 1,047.947,$$

$$\alpha^3\,\frac{d^3 b_{\frac{1}{2}}^{(2)}}{d\alpha^3} = 2,083.619, \quad \alpha^4\,\frac{d^4 b_{\frac{1}{2}}^{(2)}}{d\alpha^4} = 7,735.534, \quad \alpha^5\,\frac{d^5 b_{\frac{1}{2}}^{(2)}}{d\alpha^5} = 36,797.4 \,;$$

$$b_{\frac{1}{2}}^{(3)} = 0,118.063, \quad \alpha\,\frac{d\,b_{\frac{1}{2}}^{(3)}}{d\alpha} = 0,396.497, \quad \alpha^2\,\frac{d^2 b_{\frac{1}{2}}^{(3)}}{d\alpha^2} = 1,051.881,$$

$$\alpha^3\,\frac{d^3 b_{\frac{1}{2}}^{(3)}}{d\alpha^3} = 2,509.355, \quad \alpha^4\,\frac{d^4 b_{\frac{1}{2}}^{(3)}}{d\alpha^4} = 7,965.097, \quad \alpha^5\,\frac{d^5 b_{\frac{1}{2}}^{(3)}}{d\alpha^5} = 38,001.5 \,;$$

$$b_{\frac{1}{2}}^{(4)} = 0,056.610, \quad \alpha\,\frac{d\,b_{\frac{1}{2}}^{(4)}}{d\alpha} = 0,247.401, \quad \alpha^2\,\frac{d^2 b_{\frac{1}{2}}^{(4)}}{d\alpha^2} = 0,891.879,$$

$$\alpha^3\,\frac{d^3 b_{\frac{1}{2}}^{(4)}}{d\alpha^3} = 2,769.870, \quad \alpha^4\,\frac{d^4 b_{\frac{1}{2}}^{(4)}}{d\alpha^4} = 8,969.301, \quad \alpha^5\,\frac{d^5 b_{\frac{1}{2}}^{(4)}}{d\alpha^5} = 39,429.0 \,;$$

$$b_{\frac{1}{2}}^{(5)} = 0,027.878, \quad \alpha\,\frac{d\,b_{\frac{1}{2}}^{(5)}}{d\alpha} = 0,149.937, \quad \alpha^2\,\frac{d^2 b_{\frac{1}{2}}^{(5)}}{d\alpha^2} = 0,685.804,$$

$$\alpha^3\,\frac{d^3 b_{\frac{1}{2}}^{(5)}}{d\alpha^3} = 2,707.571, \quad \alpha^4\,\frac{d^4 b_{\frac{1}{2}}^{(5)}}{d\alpha^4} = 10,065.77, \quad \alpha^5\,\frac{d^5 b_{\frac{1}{2}}^{(5)}}{d\alpha^5} = 42,856.7 \,;$$

$$b_{\frac{1}{2}}^{(6)} = 0,013.970, \quad \alpha\, \frac{d\,b_{\frac{1}{2}}^{(6)}}{d\alpha} = 0,089.191, \quad \alpha^2\, \frac{d^2 b_{\frac{1}{2}}^{(6)}}{d\alpha^2} = 0,495.201,$$

$$\alpha^3\, \frac{d^3 b_{\frac{1}{2}}^{(6)}}{d\alpha^3} = 2,400.71, \quad \alpha^4\, \frac{d^4 b_{\frac{1}{2}}^{(6)}}{d\alpha^4} = 10,582.15, \quad \alpha^5\, \frac{d^5 b_{\frac{1}{2}}^{(6)}}{d\alpha^5} = 47,581.3;$$

$$b_{\frac{1}{2}}^{(7)} = 0,007.088, \quad \alpha\, \frac{d\,b_{\frac{1}{2}}^{(7)}}{d\alpha} = 0,052.371, \quad \alpha^2\, \frac{d^2 b_{\frac{1}{2}}^{(7)}}{d\alpha^2} = 0,342.299,$$

$$\alpha^3\, \frac{d^3 b_{\frac{1}{2}}^{(7)}}{d\alpha^3} = 1,978.20, \quad \alpha^4\, \frac{d^4 b_{\frac{1}{2}}^{(7)}}{d\alpha^4} = 10,305.33;$$

$$b_{\frac{1}{2}}^{(8)} = 0,003.630, \quad \alpha\, \frac{d\,b_{\frac{1}{2}}^{(8)}}{d\alpha} = 0,030.456, \quad \alpha^2\, \frac{d^2 b_{\frac{1}{2}}^{(8)}}{d\alpha^2} = 0,229.169,$$

$$\alpha^3\, \frac{d^3 b_{\frac{1}{2}}^{(8)}}{d\alpha^3} = 1,541.85;$$

$$b_{\frac{1}{2}}^{(9)} = 0,001.872, \quad \alpha\, \frac{d\,b_{\frac{1}{2}}^{(9)}}{d\alpha} = 0,017.580, \quad \alpha^2\, \frac{d^2 b_{\frac{1}{2}}^{(9)}}{d\alpha^2} = 0,149.769;$$

$$b_{\frac{1}{2}}^{(10)} = 0,000.972, \quad \alpha\, \frac{d\,b_{\frac{1}{2}}^{(10)}}{d\alpha} = 0,010.083;$$

$$b_{\frac{1}{2}}^{(11)} = 0,000.508.$$

$$b_{\frac{3}{2}}^{(0)} = 4,360.077, \quad \alpha\, \frac{d\,b_{\frac{3}{2}}^{(0)}}{d\alpha} = 8,013.832, \quad \alpha^2\, \frac{d^2 b_{\frac{3}{2}}^{(0)}}{d\alpha^2} = 28,966.01;$$

$$b_{\frac{3}{2}}^{(1)} = 3,187.245, \quad \alpha\, \frac{d\,b_{\frac{3}{2}}^{(1)}}{d\alpha} = 8,318.136, \quad \alpha^2\, \frac{d^2 b_{\frac{3}{2}}^{(1)}}{d\alpha^2} = 28,152.14,$$

$$b_{\frac{3}{2}}^{(2)} = 2,083.666, \quad \alpha\, \frac{d\,b_{\frac{3}{2}}^{(2)}}{d\alpha} = 7,323.354, \quad \alpha^2\, \frac{d^2 b_{\frac{3}{2}}^{(2)}}{d\alpha^2} = 27,560.60,$$

$$b_{\frac{3}{2}}^{(3)} = 1,296.870, \quad \alpha\, \frac{d\,b_{\frac{3}{2}}^{(3)}}{d\alpha} = 5,786.27, \quad \alpha^2\, \frac{d^2 b_{\frac{3}{2}}^{(3)}}{d\alpha^2} = 25,530.6,$$

$$\alpha^3\, \frac{d^3 b_{\frac{3}{2}}^{(3)}}{d\alpha^3} = 127,253;$$

$$b^{(4)}_{\frac{3}{2}} = 0,784.924, \quad \alpha\,\frac{db^{(4)}_{\frac{3}{2}}}{d\alpha} = 4,260.45, \quad \alpha^2\,\frac{d^2 b^{(4)}_{\frac{3}{2}}}{d\alpha^2} = 22,115.2.$$

$$\alpha^3\,\frac{d^3 b^{(4)}_{\frac{3}{2}}}{d\alpha^3} = 120,153\,;$$

$$b^{(5)}_{\frac{3}{2}} = 0,466.550, \quad \alpha\,\frac{db^{(5)}_{\frac{3}{2}}}{d\alpha} = 2,987.91, \quad \alpha^2\,\frac{d^2 b^{(5)}_{\frac{3}{2}}}{d\alpha^2} = 18,045.9,$$

$$\alpha^3\,\frac{d^3 b^{(5)}_{\frac{3}{2}}}{d\alpha^3} = 109,081\,;$$

$$b^{(6)}_{\frac{3}{2}} = 0,273.809, \quad \alpha\,\frac{db^{(6)}_{\frac{3}{2}}}{d\alpha} = 2,022.61, \quad \alpha^2\,\frac{d^2 b^{(6)}_{\frac{3}{2}}}{d\alpha^2} = 14,017\ 3,$$

$$\alpha^3\,\frac{d^3 b^{(6)}_{\frac{3}{2}}}{d\alpha^3} = 94,806\,;$$

$$b^{(7)}_{\frac{3}{2}} = 0,159.186, \quad \alpha\,\frac{db^{(7)}_{\frac{3}{2}}}{d\alpha} = 1,333.00, \quad \alpha^2\,\frac{d^2 b^{(7)}_{\frac{3}{2}}}{d\alpha^2} = 10,460.9\,;$$

$$b^{(8)}_{\frac{3}{2}} = 0,091.874, \quad \alpha\,\frac{db^{(8)}_{\frac{3}{2}}}{d\alpha} = 0,860.32\,;$$

$$b^{(9)}_{\frac{3}{2}} = 0,052.712\,;$$

$$b^{(0)}_{\frac{5}{2}} = 13,811.50\,;$$

$$b^{(2)}_{\frac{5}{2}} = 9,915.82.$$

Jupiter et Uranus.

Log. $\alpha = \overline{1},433.3266.$

$$b^{(0)}_{\frac{1}{2}} = 2,038.385.3, \quad \alpha\,\frac{db^{(0)}_{\frac{1}{2}}}{d\alpha} = 0,080.154.1, \quad \alpha^2\,\frac{d^2 b^{(0)}_{\frac{1}{2}}}{d\alpha^2} = 0,094.428.7,$$

$$\alpha^3\,\frac{d^3 b^{(0)}_{\frac{1}{2}}}{d\alpha^3} = 0,047.539.3, \quad \alpha^4\,\frac{d^4 b^{(0)}_{\frac{1}{2}}}{d\alpha^4} = 0,073.406.8\,;$$

$$b_{\frac{1}{2}}^{(1)} = 0,279.068.5, \quad \alpha\,\frac{d\,b_{\frac{1}{2}}^{(1)}}{d\alpha} = 0,295.528.2, \quad \alpha^2\,\frac{d^2 b_{\frac{1}{2}}^{(1)}}{d\alpha^2} = 0,052.630.8,$$

$$\alpha^3\,\frac{d^3 b_{\frac{1}{2}}^{(1)}}{d\alpha^3} = 0,070.016.0, \quad \alpha^4\,\frac{d^4 b_{\frac{1}{2}}^{(1)}}{d\alpha^4} = 0,060.602.9;$$

$$b_{\frac{1}{2}}^{(2)} = 0,056.948.9, \quad \alpha\,\frac{d\,b_{\frac{1}{2}}^{(2)}}{d\alpha} = 0,117.635.8, \quad \alpha^2\,\frac{d^2 b_{\frac{1}{2}}^{(2)}}{d\alpha^2} = 0,133.363.0,$$

$$\alpha^3\,\frac{d^3 b_{\frac{1}{2}}^{(2)}}{d\alpha^3} = 0,052.110.2, \quad \alpha^4\,\frac{d^4 b_{\frac{1}{2}}^{(2)}}{d\alpha^4} = 0,079.102.1;$$

$$b_{\frac{1}{2}}^{(3)} = 0,012.892.2, \quad \alpha\,\frac{d\,b_{\frac{1}{2}}^{(3)}}{d\alpha} = 0,039.566.4, \quad \alpha^2\,\frac{d^2 b_{\frac{1}{2}}^{(3)}}{d\alpha^2} = 0,083.770.9;$$

$$b_{\frac{1}{2}}^{(4)} = 0,003.062.6, \quad \alpha\,\frac{d\,b_{\frac{1}{2}}^{(4)}}{d\alpha} = 0,012.467.8;$$

$$b_{\frac{1}{2}}^{(5)} = 0,000.748.1, \quad \alpha\,\frac{d\,b_{\frac{1}{2}}^{(5)}}{d\alpha} = 0,003.794.4;$$

$$b_{\frac{1}{2}}^{(6)} = 0,000.186.1.$$

$$b_{\frac{3}{2}}^{(0)} = 2,373.276, \quad \alpha\,\frac{d\,b_{\frac{3}{2}}^{(0)}}{d\alpha} = 0,840.299, \quad \alpha^2\,\frac{d^2 b_{\frac{3}{2}}^{(0)}}{d\alpha^2} = 1,256.041;$$

$$b_{\frac{3}{2}}^{(1)} = 0,939.215, \quad \alpha\,\frac{d\,b_{\frac{3}{2}}^{(1)}}{d\alpha} = 1,219.755, \quad \alpha^2\,\frac{d^2 b_{\frac{3}{2}}^{(1)}}{d\alpha^2} = 0,971.762;$$

$$b_{\frac{3}{2}}^{(2)} = 0,315.424, \quad \alpha\,\frac{d\,b_{\frac{3}{2}}^{(2)}}{d\alpha} = 0,718.925, \quad \alpha^2\,\frac{d^2 b_{\frac{3}{2}}^{(2)}}{d\alpha^2} = 1,110.688;$$

$$b_{\frac{3}{2}}^{(3)} = 0,099.332.$$

$$b_{\frac{5}{2}}^{(0)} = 3,166.401;$$

$$b_{\frac{5}{2}}^{(2)} = 0,857.809.$$

Saturne et Uranus.

Log. $\alpha = \overline{1},696.5857$.

$$b_{\frac{1}{2}}^{(0)} = 2,144.485, \quad \alpha\,\frac{d\,b_{\frac{1}{2}}^{(0)}}{d\alpha} = 0,339.736, \quad \alpha^2\,\frac{d^2 b_{\frac{1}{2}}^{(0)}}{d\alpha^2} = 0,587.927,$$

$$\alpha^3\,\frac{d^3 b_{\frac{1}{2}}^{(0)}}{d\alpha^3} = 1,082.351, \quad \alpha^4\,\frac{d^4 b_{\frac{1}{2}}^{(0)}}{d\alpha^4} = 3,448.584;$$

$$b_{\frac{1}{2}}^{(1)} = 0,552.098, \quad \alpha\,\frac{d\,b_{\frac{1}{2}}^{(1)}}{d\alpha} = 0,683.212, \quad \alpha^2\,\frac{d^2 b_{\frac{1}{2}}^{(1)}}{d\alpha^2} = 0,499.115,$$

$$\alpha^3\,\frac{d^3 b_{\frac{1}{2}}^{(1)}}{d\alpha^3} = 1,178.390, \quad \alpha^4\,\frac{d^4 b_{\frac{1}{2}}^{(1)}}{d\alpha^4} = 3,399.969;$$

$$b_{\frac{1}{2}}^{(2)} = 0,208.379, \quad \alpha\,\frac{d\,b_{\frac{1}{2}}^{(2)}}{d\alpha} = 0,472.053, \quad \alpha^2\,\frac{d^2 b_{\frac{1}{2}}^{(2)}}{d\alpha^2} = 0,740.052,$$

$$\alpha^3\,\frac{d^3 b_{\frac{1}{2}}^{(2)}}{d\alpha^3} = 1,153.324, \quad \alpha^4\,\frac{d^4 b_{\frac{1}{2}}^{(2)}}{d\alpha^4} = 3,590.104.$$

$$b_{\frac{3}{2}}^{(0)} = 3,751.619, \quad \alpha\,\frac{d\,b_{\frac{3}{2}}^{(0)}}{d\alpha} = 5,380.910, \quad \alpha^2\,\frac{d^2 b_{\frac{3}{2}}^{(0)}}{d\alpha^2} = 16,316.39,$$

$$b_{\frac{3}{2}}^{(1)} = 2,548.752, \quad \alpha\,\frac{d\,b_{\frac{3}{2}}^{(1)}}{d\alpha} = 5,723.636, \quad \alpha^2\,\frac{d^2 b_{\frac{3}{2}}^{(1)}}{d\alpha^2} = 15,641.61;$$

$$b_{\frac{3}{2}}^{(2)} = 1,531.072, \quad \alpha\,\frac{d\,b_{\frac{3}{2}}^{(2)}}{d\alpha} = 4,853.583; \quad \alpha^2\,\frac{d^2 b_{\frac{3}{2}}^{(2)}}{d\alpha^2} = 15,363.63.$$

$$b_{\frac{5}{2}}^{(0)} = 9,749.713;$$

$$b_{\frac{5}{2}}^{(1)} = 6,332.671.$$

15. J'avais d'abord cru pouvoir me dispenser d'étendre ces nouvelles tables aux petites planètes Vesta, Junon, Cérès et Pallas; leur emploi n'étant pas suffisant pour arriver à une théorie complète de ces planètes. Il en résultait une grande abréviation.

D'un autre côté, mon travail devenait incomplet. Je me trouvais forcé de restreindre la détermination directe des inégalités séculaires aux principales planètes, quoiqu'elle puisse s'effectuer pour Vesta, Cérès et Junon. Et ainsi je perdais tous les avantages qu'on obtient en calculant séparément ces inégalités.

Ces considérations me déterminent, et il en sera souvent de même dans la suite, à sacrifier la brièveté au désir de parvenir plus sûrement au but que je me suis proposé dans cette publication. Il serait complétement atteint si les astronomes jugeaient que l'exactitude scrupuleuse à laquelle je cherche à m'astreindre devra ajouter à la perfection des théories astronomiques.

16. Je prendrai pour point de départ les durées des révolutions sidérales, telles qu'elles sont rapportées par M. Hansen, dans l'Almanach de M. Schumacher pour 1837. Ces durées sont les suivantes :

$$\text{Vesta} \ldots \ldots \ldots \ldots \ 1325^j,485;$$
$$\text{Junon} \ldots \ldots \ldots \ldots \ 1593,067;$$
$$\text{Cérès} \ldots \ldots \ldots \ldots \ 1684,735;$$
$$\text{Pallas} \ldots \ldots \ldots \ldots \ 1686,305.$$

On en déduit pour les expressions des moyens mouvements, en secondes sexagésimales, et par rapport à l'année julienne :

$$\text{Vesta} \ldots \ldots \ldots \ldots \ 357\ 125'',1;$$
$$\text{Junon} \ldots \ldots \ldots \ldots \ 297\ 140,0;$$
$$\text{Cérès} \ldots \ldots \ldots \ldots \ 280\ 972,3;$$
$$\text{Pallas} \ldots \ldots \ldots \ldots \ 280\ 710,8.$$

La formule de la page 45 donne ensuite pour les demi-grands axes, en négligeant la masse m'' qui ici est inconnue, mais qui ne peut

N° III.

avoir aucune influence, à cause de sa petitesse :

$$\text{Vesta} \ldots \ldots \ldots \ldots 2,361.48;$$
$$\text{Junon} \ldots \ldots \ldots \ldots 2,669.46;$$
$$\text{Cérès} \ldots \ldots \ldots \ldots 2,770.91;$$
$$\text{Pallas} \ldots \ldots \ldots \ldots 2,772.63.$$

Vesta et Mercure.

Log. $\alpha = \overline{1},214.6374.$

$$b_{\frac{1}{2}}^{(0)} = 2,014, \qquad \alpha\,\frac{d b_{\frac{1}{2}}^{(0)}}{d\alpha} = 0,028, \qquad \alpha^2\,\frac{d^2 b_{\frac{1}{2}}^{(0)}}{d\alpha^2} = 0,029,$$

$$\alpha^3\,\frac{d^3 b_{\frac{1}{2}}^{(0)}}{d\alpha^3} = 0,005, \qquad \alpha^4\,\frac{d^4 b_{\frac{1}{2}}^{(0)}}{d\alpha^4} = 0,006;$$

$$b_{\frac{1}{2}}^{(1)} = 0,166, \qquad \alpha\,\frac{d b_{\frac{1}{2}}^{(1)}}{d\alpha} = 0,169, \qquad \alpha^2\,\frac{d^2 b_{\frac{1}{2}}^{(1)}}{d\alpha^2} = 0,011,$$

$$\alpha^3\,\frac{d^3 b_{\frac{1}{2}}^{(1)}}{d\alpha^3} = 0,012, \qquad \alpha^4\,\frac{d^4 b_{\frac{1}{2}}^{(1)}}{d\alpha^4} = 0,004;$$

$$b_{\frac{1}{2}}^{(2)} = 0,020, \qquad \alpha\,\frac{d b_{\frac{1}{2}}^{(2)}}{d\alpha} = 0,041, \qquad \alpha^2\,\frac{d^2 b_{\frac{1}{2}}^{(2)}}{d\alpha^2} = 0,043,$$

$$\alpha^3\,\frac{d^3 b_{\frac{1}{2}}^{(2)}}{d\alpha^3} = 0,006, \qquad \alpha^4\,\frac{d^4 b_{\frac{1}{2}}^{(2)}}{d\alpha^4} = 0,007;$$

$$b_{\frac{3}{2}}^{(0)} = 2,126, \qquad \alpha\,\frac{d b_{\frac{3}{2}}^{(0)}}{d\alpha} = 0,263, \qquad \alpha^2\,\frac{d^2 b_{\frac{3}{2}}^{(0)}}{d\alpha^2} = 0,309;$$

$$b_{\frac{3}{2}}^{(1)} = 0,518, \qquad \alpha\,\frac{d b_{\frac{3}{2}}^{(1)}}{d\alpha} = 0,571, \qquad \alpha^2\,\frac{d^2 b_{\frac{3}{2}}^{(1)}}{d\alpha^2} = 0,170;$$

$$b_{\frac{3}{2}}^{(2)} = 0,106, \qquad \alpha\,\frac{d b_{\frac{3}{2}}^{(2)}}{d\alpha} = 0,222, \qquad \alpha^2\,\frac{d^2 b_{\frac{3}{2}}^{(2)}}{d\alpha^2} = 0,264.$$

$$b_{\frac{5}{2}}^{(0)} = 2,365;$$

$$b_{\frac{5}{2}}^{(2)} = 0,260$$

Vesta et Vénus.

Log. $\alpha = \overline{1},486.1535.$

$$b_{\frac{1}{2}}^{(0)} = 2,050, \qquad \alpha\,\frac{db_{\frac{1}{2}}^{(0)}}{d\alpha} = 0,105, \qquad \alpha^2\,\frac{d^2 b_{\frac{1}{2}}^{(0)}}{d\alpha^2} = 0,129,$$

$$\alpha^3\,\frac{d^3 b_{\frac{1}{2}}^{(0)}}{d\alpha^3} = 0,083, \qquad \alpha^4\,\frac{d^4 b_{\frac{1}{2}}^{(0)}}{d\alpha^4} = 0,142;$$

$$b_{\frac{1}{2}}^{(1)} = 0,318, \qquad \alpha\,\frac{db_{\frac{1}{2}}^{(1)}}{d\alpha} = 0,342, \qquad \alpha^2\,\frac{d^2 b_{\frac{1}{2}}^{(1)}}{d\alpha^2} = 0,080,$$

$$\alpha^3\,\frac{d^3 b_{\frac{1}{2}}^{(1)}}{d\alpha^3} = 0,114, \qquad \alpha^4\,\frac{d^4 b_{\frac{1}{2}}^{(1)}}{d\alpha^4} = 0,124;$$

$$b_{\frac{1}{2}}^{(2)} = 0,073, \qquad \alpha\,\frac{db_{\frac{1}{2}}^{(2)}}{d\alpha} = 0,153, \qquad \alpha^2\,\frac{d^2 b_{\frac{1}{2}}^{(2)}}{d\alpha^2} = 0,180,$$

$$\alpha^3\,\frac{d^3 b_{\frac{1}{2}}^{(2)}}{d\alpha^3} = 0,091; \qquad \alpha^4\,\frac{d^4 b_{\frac{1}{2}}^{(2)}}{dx^4} = 0,152.$$

$$b_{\frac{3}{2}}^{(0)} = 2,493, \qquad \alpha\,\frac{db_{\frac{3}{2}}^{(0)}}{d\alpha} = 1,148, \qquad \alpha^2\,\frac{d^2 b_{\frac{3}{2}}^{(0)}}{d\alpha^2} = 1,888;$$

$$b_{\frac{3}{2}}^{(1)} = 1,106, \qquad \alpha\,\frac{db_{\frac{3}{2}}^{(1)}}{d\alpha} = 1,537, \qquad \alpha^2\,\frac{d^2 b_{\frac{3}{2}}^{(1)}}{d\alpha^2} = 1,552;$$

$$b_{\frac{3}{2}}^{(2)} = 0,418, \qquad \alpha\,\frac{db_{\frac{3}{2}}^{(2)}}{d\alpha} = 0,989, \qquad \alpha^2\,\frac{d^2 b_{\frac{3}{2}}^{(2)}}{d\alpha^2} = 1,688.$$

$$b_{\frac{5}{2}}^{(0)} = 3,596;$$

$$b_{\frac{5}{2}}^{(2)} = 1,189.$$

Vesta et la Terre.

Log. $\alpha = \overline{1},626.8157.$

$$b_{\frac{1}{2}}^{(0)} = 2,100, \qquad \alpha\,\frac{db_{\frac{1}{2}}^{(0)}}{d\alpha} = 0,224, \qquad \alpha^2\,\frac{d^2 b_{\frac{1}{2}}^{(0)}}{d\alpha^2} = 0,333,$$

$$\alpha^3 \frac{d^3 b^{(0)}_{\frac{1}{2}}}{d\alpha^3} = 0,426, \qquad \alpha^4 \frac{d^4 b^{(0)}_{\frac{1}{2}}}{d\alpha^4} = 1,053;$$

$$b^{(1)}_{\frac{1}{2}} = 0,456, \qquad \alpha \frac{d b^{(1)}_{\frac{1}{2}}}{d\alpha} = 0,528, \qquad \alpha^2 \frac{d^2 b^{(1)}_{\frac{1}{2}}}{d\alpha^2} = 0,258,$$

$$\alpha^3 \frac{d^3 b^{(1)}_{\frac{1}{2}}}{d\alpha^3} = 0,491, \qquad \alpha^4 \frac{d^4 b^{(1)}_{\frac{1}{2}}}{d\alpha^4} = 1,013;$$

$$b^{(2)}_{\frac{1}{2}} = 0,146, \qquad \alpha \frac{d b^{(2)}_{\frac{1}{2}}}{d\alpha} = 0,318, \qquad \alpha^2 \frac{d^2 b^{(2)}_{\frac{1}{2}}}{d\alpha^2} = 0,435,$$

$$\alpha^3 \frac{d^3 b^{(2)}_{\frac{1}{2}}}{d\alpha^3} = 0,459, \qquad \alpha^4 \frac{d^4 b^{(2)}_{\frac{1}{2}}}{d\alpha^4} = 1,108.$$

$$b^{(0)}_{\frac{3}{2}} = 3,104, \qquad \alpha \frac{d b^{(0)}_{\frac{3}{2}}}{d\alpha} = 2,986, \qquad \alpha^2 \frac{d^2 b^{(0)}_{\frac{3}{2}}}{d\alpha^2} = 7,033;$$

$$b^{(1)}_{\frac{3}{2}} = 1,843, \qquad \alpha \frac{d b^{(1)}_{\frac{3}{2}}}{d\alpha} = 3,365, \qquad \alpha^2 \frac{d^2 b^{(1)}_{\frac{3}{2}}}{d\alpha^2} = 6,514;$$

$$b^{(2)}_{\frac{3}{2}} = 0,952, \qquad \alpha \frac{d b^{(2)}_{\frac{3}{2}}}{d\alpha} = 2,642, \qquad \alpha^2 \frac{d^2 b^{(2)}_{\frac{3}{2}}}{d\alpha^2} = 6,504.$$

$$b^{(0)}_{\frac{5}{2}} = 6,208;$$

$$b^{(2)}_{\frac{5}{2}} = 3,307.$$

Vesta et Mars.

Log. $\alpha = \overline{1},809.7127.$

$$b^{(0)}_{\frac{1}{2}} = 2,277, \qquad \alpha \frac{d b^{(0)}_{\frac{1}{2}}}{d\alpha} = 0,758, \qquad \alpha^2 \frac{d^2 b^{(0)}_{\frac{1}{2}}}{d\alpha^2} = 1,948,$$

$$\alpha^3 \frac{d^3 b^{(0)}_{\frac{1}{2}}}{d\alpha^3} = 7,071, \qquad \alpha^4 \frac{d^4 b^{(0)}_{\frac{1}{2}}}{d\alpha^4} = 39,769;$$

$$b^{(1)}_{\frac{1}{2}} = 0,784, \qquad \alpha \frac{d b^{(1)}_{\frac{1}{2}}}{d\alpha} = 1,174, \qquad \alpha^2 \frac{d^2 b^{(1)}_{\frac{1}{2}}}{d\alpha^2} = 1,844,$$

$$\alpha^3 \frac{d^3 b_{\frac{1}{2}}^{(1)}}{d\alpha^3} = 7,269, \qquad \alpha^4 \frac{d^4 b_{\frac{1}{2}}^{(1)}}{d\alpha^4} = 39,830;$$

$$b_{\frac{1}{2}}^{(2)} = 0,388, \qquad \alpha \frac{d b_{\frac{1}{2}}^{(2)}}{d\alpha} = 0,993, \qquad \alpha^2 \frac{d^2 b_{\frac{1}{2}}^{(2)}}{d\alpha^2} = 2,253,$$

$$\alpha^3 \frac{d^3 b_{\frac{1}{2}}^{(2)}}{d\alpha^3} = 7,364, \qquad \alpha^4 \frac{d^4 b_{\frac{1}{2}}^{(2)}}{d\alpha^4} = 40,680;$$

$$b_{\frac{3}{2}}^{(0)} = 6,499, \qquad \alpha \frac{d b_{\frac{3}{2}}^{(0)}}{d\alpha} = 19,842, \qquad \alpha^2 \frac{d^2 b_{\frac{3}{2}}^{(0)}}{d\alpha^2} = 106,794;$$

$$b_{\frac{3}{2}}^{(1)} = 5,368, \qquad \alpha \frac{d b_{\frac{3}{2}}^{(1)}}{d\alpha} = 20,015, \qquad \alpha^2 \frac{d^2 b_{\frac{3}{2}}^{(1)}}{d\alpha^2} = 105,469;$$

$$b_{\frac{3}{2}}^{(2)} = 4,069, \qquad \alpha \frac{d b_{\frac{3}{2}}^{(2)}}{d\alpha} = 18,631, \qquad \alpha^2 \frac{d^2 b_{\frac{3}{2}}^{(2)}}{d\alpha^2} = 103,498.$$

$$b_{\frac{5}{2}}^{(0)} = 33,798;$$

$$b_{\frac{5}{2}}^{(2)} = 28,252.$$

Vesta et Jupiter.

Log. $\alpha = \bar{1},656.9473.$

$$b_{\frac{1}{2}}^{(0)} = 2,116.97, \qquad \alpha \frac{d b_{\frac{1}{2}}^{(0)}}{d\alpha} = 0,266.73, \qquad \alpha^2 \frac{d^2 b_{\frac{1}{2}}^{(0)}}{d\alpha^2} = 0,420.97,$$

$$\alpha^3 \frac{d^3 b_{\frac{1}{2}}^{(0)}}{d\alpha^3} = 0,628.70, \qquad \alpha^4 \frac{d^4 b_{\frac{1}{2}}^{(0)}}{d\alpha^4} = 1,721.63;$$

$$b_{\frac{1}{2}}^{(1)} = 0,494.28, \qquad \alpha \frac{d b_{\frac{1}{2}}^{(1)}}{d\alpha} = 0,587.65, \qquad \alpha^2 \frac{d^2 b_{\frac{1}{2}}^{(1)}}{d\alpha^2} = 0,339.82,$$

$$\alpha^3 \frac{d^3 b_{\frac{1}{2}}^{(1)}}{d\alpha^3} = 0,705.50, \qquad \alpha^4 \frac{d^4 b_{\frac{1}{2}}^{(1)}}{d\alpha^4} = 1,676.58;$$

$$b_{\frac{1}{2}}^{(2)} = 0,169.90, \qquad \alpha \frac{d b_{\frac{1}{2}}^{(2)}}{d\alpha} = 0,375.62, \qquad \alpha^2 \frac{d^2 b_{\frac{1}{2}}^{(2)}}{d\alpha^2} = 0,542.97,$$

$$\alpha^3 \frac{d^3 b_{\frac{1}{2}}^{(2)}}{d\alpha^3} = 0,674.13, \quad \alpha^4 \frac{d^4 b_{\frac{1}{2}}^{(2)}}{d\alpha^4} = 1,802.95.$$

$$b_{\frac{3}{2}}^{(0)} = 3,338.1, \quad \alpha \frac{d b_{\frac{3}{2}}^{(0)}}{d\alpha} = 3,800.5, \quad \alpha^2 \frac{d^2 b_{\frac{3}{2}}^{'(0)}}{d\alpha^2} = 9,911.3;$$

$$b_{\frac{3}{2}}^{(1)} = 2,102.8, \quad \alpha \frac{d b_{\frac{3}{2}}^{(1)}}{d\alpha} = 4,167.6, \quad \alpha^2 \frac{d^2 b_{\frac{3}{2}}^{(1)}}{d\alpha^2} = 9,333.7;$$

$$b_{\frac{3}{2}}^{(2)} = 1,160.1, \quad \alpha \frac{d b_{\frac{3}{2}}^{(2)}}{d\alpha} = 3,389.0, \quad \alpha^2 \frac{d^2 b_{\frac{3}{2}}^{(2)}}{d\alpha^2} = 9,236.8;$$

$$b_{\frac{5}{2}}^{(0)} = 7,395.3;$$

$$b_{\frac{5}{2}}^{(2)} = 4,306.8.$$

Vesta et Saturne.

Log. $\alpha = \overline{1},393.6882.$

$$b_{\frac{1}{2}}^{(0)} = 2,031.7, \quad \alpha \frac{d b_{\frac{1}{2}}^{(0)}}{d\alpha} = 0,065.8, \quad \alpha^2 \frac{d^2 b_{\frac{1}{2}}^{(0)}}{d\alpha^2} = 0,075.4,$$

$$\alpha^3 \frac{d^3 b_{\frac{1}{2}}^{(0)}}{d\alpha^3} = 0,031.5, \quad \alpha^4 \frac{d^4 b_{\frac{1}{2}}^{(0)}}{d\alpha^4} = 0,045.7;$$

$$b_{\frac{1}{2}}^{(1)} = 0,253.5, \quad \alpha \frac{d b_{\frac{1}{2}}^{(1)}}{d\alpha} = 0,265.8, \quad \alpha^2 \frac{d^2 b_{\frac{1}{2}}^{(1)}}{d\alpha^2} = 0,038.9,$$

$$\alpha^3 \frac{d^3 b_{\frac{1}{2}}^{(1)}}{d\alpha^3} = 0,049.5, \quad \alpha^4 \frac{d^4 b_{\frac{1}{2}}^{(1)}}{d\alpha^4} = 0,036.0;$$

$$b_{\frac{1}{2}}^{(2)} = 0,047.2, \quad \alpha \frac{d b_{\frac{1}{2}}^{(2)}}{d\alpha} = 0,096.9, \quad \alpha^2 \frac{d^2 b_{\frac{1}{2}}^{(2)}}{d\alpha^2} = 0,107.6,$$

$$\alpha^3 \frac{d^3 b_{\frac{1}{2}}^{(2)}}{d\alpha^3} = 0,034.6, \quad \alpha^4 \frac{d^4 b_{\frac{1}{2}}^{(2)}}{d\alpha^4} = 0,049.4.$$

$$b_{\frac{3}{2}}^{(0)} = 2,304.6, \quad \alpha \frac{d b_{\frac{3}{2}}^{(0)}}{d\alpha} = 0,672.0, \quad \alpha^2 \frac{d^2 b_{\frac{3}{2}}^{(0)}}{d\alpha^2} = 0,945.5;$$

$$b_{\frac{3}{2}}^{(1)} = 0,836.3, \qquad \alpha\,\frac{d\,b_{\frac{3}{2}}^{(1)}}{d\alpha} = 1,041.6, \qquad \alpha^2\,\frac{d^2 b_{\frac{3}{2}}^{(1)}}{d\alpha^2} = 0,694.2;$$

$$b_{\frac{3}{2}}^{(2)} = 0,256.8, \qquad \alpha\,\frac{d\,b_{\frac{3}{2}}^{(2)}}{d\alpha} = 0,572.5, \qquad \alpha^2\,\frac{d^2 b_{\frac{3}{2}}^{(2)}}{d\alpha^2} = 0,829.8.$$

$$b_{\frac{5}{2}}^{(0)} = 2,932.3;$$

$$b_{\frac{5}{2}}^{(2)} = 0,680.1.$$

Vesta et Uranus.

Log. $\alpha = \bar{1},090.2739.$

$$b_{\frac{1}{2}}^{(0)} = 2,008, \qquad \alpha\,\frac{d\,b_{\frac{1}{2}}^{(0)}}{d\alpha} = 0,015, \qquad \alpha^2\,\frac{d^2 b_{\frac{1}{2}}^{(0)}}{d\alpha^2} = 0,016,$$

$$\alpha^3\,\frac{d^3 b_{\frac{1}{2}}^{(0)}}{d\alpha^3} = 0,002, \qquad \alpha^4\,\frac{d^4 b_{\frac{1}{2}}^{(0)}}{d\alpha^4} = 0,002;$$

$$b_{\frac{1}{2}}^{(1)} = 0,124, \qquad \alpha\,\frac{d\,b_{\frac{1}{2}}^{(1)}}{d\alpha} = 0,125, \qquad \alpha^2\,\frac{d^2 b_{\frac{1}{2}}^{(1)}}{d\alpha^2} = 0,004,$$

$$\alpha^3\,\frac{d^3 b_{\frac{1}{2}}^{(1)}}{d\alpha^3} = 0,005, \qquad \alpha^4\,\frac{d^4 b_{\frac{1}{2}}^{(1)}}{d\alpha^4} = 0,001;$$

$$b_{\frac{1}{2}}^{(2)} = 0,011, \qquad \alpha\,\frac{d\,b_{\frac{1}{2}}^{(2)}}{d\alpha} = 0,023, \qquad \alpha^2\,\frac{d^2 b_{\frac{1}{2}}^{(2)}}{d\alpha^2} = 0,024,$$

$$\alpha^3\,\frac{d^3 b_{\frac{1}{2}}^{(2)}}{d\alpha^3} = 0,002, \qquad \alpha^4\,\frac{d^4 b_{\frac{1}{2}}^{(2)}}{d\alpha^4} = 0,002;$$

$$b_{\frac{3}{2}}^{(0)} = 2,070, \qquad \alpha\,\frac{d\,b_{\frac{3}{2}}^{(0)}}{d\alpha} = 0,143, \qquad \alpha^2\,\frac{d^2 b_{\frac{3}{2}}^{(0)}}{d\alpha^2} = 0,157;$$

$$b_{\frac{3}{2}}^{(1)} = 0,380, \qquad \alpha\,\frac{d\,b_{\frac{3}{2}}^{(1)}}{d\alpha} = 0,402, \qquad \alpha^2\,\frac{d^2 b_{\frac{3}{2}}^{(2)}}{d\alpha^2} = 0,068;$$

$$b_{\frac{3}{2}}^{(2)} = 0,058, \qquad \alpha\,\frac{d\,b_{\frac{3}{2}}^{(2)}}{d\alpha} = 0,120, \qquad \alpha^2\,\frac{d^2 b_{\frac{3}{2}}^{(2)}}{d\alpha^2} = 0,133.$$

$$b_{\frac{5}{2}}^{(0)} = 2,198;$$

$$b_{\frac{5}{2}}^{(2)} = 0,140.$$

Junon et Mercure.

Log. $\alpha = \overline{1},161.3979.$

$$b_{\frac{1}{2}}^{(0)} = 2,011, \qquad \alpha\,\frac{d\,b_{\frac{1}{2}}^{(0)}}{d\alpha} = 0,022, \qquad \alpha^2\,\frac{d^2 b_{\frac{1}{2}}^{(0)}}{d\alpha^2} = 0,023,$$

$$\alpha^3\,\frac{d^3 b_{\frac{1}{2}}^{(0)}}{d\alpha^3} = 0,003, \qquad \alpha^4\,\frac{d^4 b_{\frac{1}{2}}^{(0)}}{d\alpha^4} = 0,004;$$

$$b_{\frac{1}{2}}^{(1)} = 0,146, \qquad \alpha\,\frac{d\,b_{\frac{1}{2}}^{(1)}}{d\alpha} = 0,148, \qquad \alpha^2\,\frac{d^2 b_{\frac{1}{2}}^{(1)}}{d\alpha^2} = 0,007,$$

$$\alpha^3\,\frac{d^3 b_{\frac{1}{2}}^{(1)}}{d\alpha^3} = 0,008, \qquad \alpha^4\,\frac{d^4 b_{\frac{1}{2}}^{(1)}}{d\alpha^4} = 0,002;$$

$$b_{\frac{1}{2}}^{(2)} = 0,016, \qquad \alpha\,\frac{d\,b_{\frac{1}{2}}^{(2)}}{d\alpha} = 0,032, \qquad \alpha^2\,\frac{d^2 b_{\frac{1}{2}}^{(2)}}{d\alpha^2} = 0,033,$$

$$\alpha^3\,\frac{d^3 b_{\frac{1}{2}}^{(2)}}{d\alpha^3} = 0,004, \qquad \alpha^4\,\frac{d^4 b_{\frac{1}{2}}^{(2)}}{d\alpha^4} = 0,004.$$

$$b_{\frac{3}{2}}^{(0)} = 2,098, \qquad \alpha\,\frac{d\,b_{\frac{3}{2}}^{(0)}}{d\alpha} = 0,202, \qquad \alpha^2\,\frac{d^2 b_{\frac{3}{2}}^{(0)}}{d\alpha^2} = 0,229;$$

$$b_{\frac{3}{2}}^{(1)} = 0,453, \qquad \alpha\,\frac{d\,b_{\frac{3}{2}}^{(1)}}{d\alpha} = 0,489, \qquad \alpha^2\,\frac{d^2 b_{\frac{3}{2}}^{(1)}}{d\alpha^2} = 0,114;$$

$$b_{\frac{3}{2}}^{(2)} = 0,082, \qquad \alpha\,\frac{d\,b_{\frac{3}{2}}^{(2)}}{d\alpha} = 0,170, \qquad \alpha^2\,\frac{d^2 b_{\frac{3}{2}}^{(2)}}{d\alpha^2} = 0,195.$$

$$b_{\frac{5}{2}}^{(0)} = 2,281;$$

$$b_{\frac{5}{2}}^{(2)} = 0,199.$$

Junon et Vénus.

Log $\alpha = \overline{1},432.9140$.

Le rapport de cette valeur de α, à celle qui convient à la théorie de Jupiter et Uranus, est égal à 0,999.05. C'est-à-dire que les deux valeurs de α diffèrent entre elles de moins de un millième de leur valeur absolue. On aura toute l'exactitude nécessaire à la théorie de Junon et Vénus, en prenant les nombres de la théorie de Jupiter et Uranus, page 78.

Junon et la Terre.

Log $\alpha = \overline{1},573.5762$.

$$b^{(0)}_{\frac{1}{2}} = 2,076, \qquad \alpha\, \frac{db^{(0)}_{\frac{1}{2}}}{d\alpha} = 0,166, \qquad \alpha^2\, \frac{d^2 b^{(0)}_{\frac{1}{2}}}{d\alpha^2} = 0,227,$$

$$\alpha^3\, \frac{d^3 b^{(0)}_{\frac{1}{2}}}{d\alpha^3} = 0,223, \qquad \alpha^4\, \frac{d^4 b^{(0)}_{\frac{1}{2}}}{d\alpha^4} = 0,470;$$

$$b^{(1)}_{\frac{1}{2}} = 0,396, \qquad \alpha\, \frac{db^{(1)}_{\frac{1}{2}}}{d\alpha} = 0,444, \qquad \alpha^2\, \frac{d^2 b^{(1)}_{\frac{1}{2}}}{d\alpha^2} = 0,162,$$

$$\alpha^3\, \frac{d^3 b^{(1)}_{\frac{1}{2}}}{d\alpha^3} = 0,272, \qquad \alpha^4\, \frac{d^4 b^{(1)}_{\frac{1}{2}}}{d\alpha^4} = 0,439;$$

$$b^{(2)}_{\frac{1}{2}} = 0,112, \qquad \alpha\, \frac{db^{(2)}_{\frac{1}{2}}}{d\alpha} = 0,239, \qquad \alpha^2\, \frac{d^2 b^{(2)}_{\frac{1}{2}}}{d\alpha^2} = 0,305,$$

$$\alpha^3\, \frac{d^3 b^{(2)}_{\frac{1}{2}}}{d\alpha^3} = 0,242, \qquad \alpha^4\, \frac{d^4 b^{(2)}_{\frac{1}{2}}}{d\alpha^4} = 0,498;$$

$$b^{(0)}_{\frac{3}{2}} = 2,802, \qquad \alpha\, \frac{db^{(0)}_{\frac{3}{2}}}{d\alpha} = 2,023, \qquad \alpha^2\, \frac{d^2 b^{(0)}_{\frac{3}{2}}}{d\alpha^2} = 4,075;$$

$$b^{(1)}_{\frac{3}{2}} = 1,493, \qquad \alpha\, \frac{db^{(1)}_{\frac{3}{2}}}{d\alpha} = 2,413, \qquad \alpha^2\, \frac{d^2 b^{(1)}_{\frac{3}{2}}}{d\alpha^2} = 3,638;$$

$$b^{(2)}_{\frac{3}{2}} = 0,686, \qquad \alpha\, \frac{db^{(2)}_{\frac{3}{2}}}{d\alpha} = 1,769, \qquad \alpha^2\, \frac{d^2 b^{(2)}_{\frac{3}{2}}}{d\alpha^2} = 3,718.$$

$$b^{(0)}_{\frac{5}{2}} = 4,828;$$

$$b^{(2)}_{\frac{5}{2}} = 2,170.$$

N° III.

Junon et Mars.

$$\mathrm{Log.}\ \alpha = \overline{1},756.4732.$$

$$b^{(0)}_{\frac{1}{2}} = 2,202, \qquad \alpha\,\frac{db^{(0)}_{\frac{1}{2}}}{d\alpha} = 0,506, \qquad \alpha^2\,\frac{d^2 b^{(0)}_{\frac{1}{2}}}{d\alpha^2} = 1,047,$$

$$\alpha^3\,\frac{d^3 b^{(0)}_{\frac{1}{2}}}{d\alpha^3} = 2,705, \qquad \alpha^4\,\frac{d^4 b^{(0)}_{\frac{1}{2}}}{d\alpha^4} = 11,296;$$

$$b^{(1)}_{\frac{1}{2}} = 0,659, \qquad \alpha\,\frac{db^{(1)}_{\frac{1}{2}}}{d\alpha} = 0,886, \qquad \alpha^2\,\frac{d^2 b^{(1)}_{\frac{1}{2}}}{d\alpha^2} = 0,948,$$

$$\alpha^3\,\frac{d^3 b^{(1)}_{\frac{1}{2}}}{d\alpha^3} = 2,842, \qquad \alpha^4\,\frac{d^4 b^{(1)}_{\frac{1}{2}}}{d\alpha^4} = 11,264;$$

$$b^{(2)}_{\frac{1}{2}} = 0,287, \qquad \alpha\,\frac{db^{(2)}_{\frac{1}{2}}}{d\alpha} = 0,684, \qquad \alpha^2\,\frac{d^2 b^{(2)}_{\frac{1}{2}}}{d\alpha^2} = 1,264,$$

$$\alpha^3\,\frac{d^3 b^{(2)}_{\frac{1}{2}}}{d\alpha^3} = 2,850, \qquad \alpha^4\,\frac{d^4 b^{(2)}_{\frac{1}{2}}}{d\alpha^4} = 11,652;$$

$$b^{(0)}_{\frac{3}{2}} = 4,766, \qquad \alpha\,\frac{db^{(0)}_{\frac{3}{2}}}{d\alpha} = 9,963, \qquad \alpha^2\,\frac{d^2 b^{(0)}_{\frac{3}{2}}}{d\alpha^2} = 39,653;$$

$$b^{(1)}_{\frac{3}{2}} = 3,607, \qquad \alpha\,\frac{db^{(1)}_{\frac{3}{2}}}{d\alpha} = 10,242, \qquad \alpha^2\,\frac{d^2 b^{(1)}_{\frac{3}{2}}}{d\alpha^2} = 38,746;$$

$$b^{(2)}_{\frac{3}{2}} = 2,456, \qquad \alpha\,\frac{db^{(2)}_{\frac{3}{2}}}{d\alpha} = 9,168, \qquad \alpha^2\,\frac{d^2 b^{(2)}_{\frac{3}{2}}}{d\alpha^2} = 37,921.$$

$$b^{(0)}_{\frac{5}{2}} = 16,921;$$

$$b^{(2)}_{\frac{5}{2}} = 12,709.$$

Junon et Jupiter.

$$\mathrm{Log.}\ \alpha = \overline{1},710.1868.$$

$$b^{(0)}_{\frac{1}{2}} = 2,155.60, \qquad \alpha\,\frac{db^{(0)}_{\frac{1}{2}}}{d\alpha} = 0,370.43, \qquad \alpha^2\,\frac{d^2 b^{(0)}_{\frac{1}{2}}}{d\alpha^2} = 0,664.53,$$

$$\alpha^3\,\frac{d^3 b^{(0)}_{\frac{1}{2}}}{d\alpha^3} = 1,317.50, \qquad \alpha^4\,\frac{d^4 b^{(0)}_{\frac{1}{2}}}{d\alpha^4} = 4,442.51;$$

$$b_{\frac{1}{2}}^{(1)} = 0,574.09, \quad \alpha\,\frac{d\,b_{\frac{1}{2}}^{(2)}}{d\alpha} = 0,721.96, \quad \alpha^2\,\frac{d^2 b_{\frac{1}{2}}^{(1)}}{d\alpha^2} = 0,573.20,$$

$$\alpha^3\,\frac{d^3 b_{\frac{1}{2}}^{(1)}}{d\alpha^3} = 1,421.41, \quad \alpha^4\,\frac{d^4 b_{\frac{1}{2}}^{(1)}}{d\alpha^4} = 4,394.26;$$

$$b_{\frac{1}{2}}^{(2)} = 0,223.78, \quad \alpha\,\frac{d\,b_{\frac{1}{2}}^{(2)}}{d\alpha} = 0,511.99, \quad \alpha^2\,\frac{d^2 b_{\frac{1}{2}}^{(2)}}{d\alpha^2} = 0,828.97,$$

$$\alpha^3\,\frac{d^3 b_{\frac{1}{2}}^{(2)}}{d\alpha^3} = 1,400.59, \quad \alpha^4\,\frac{d^4 b_{\frac{1}{2}}^{(2)}}{d\alpha^4} = 4,615.22.$$

$$b_{\frac{3}{2}}^{(0)} = 3,931.41, \quad \alpha\,\frac{d\,b_{\frac{3}{2}}^{(0)}}{d\alpha} = 6,121.84, \quad \alpha^2\,\frac{d^2 b_{\frac{3}{2}}^{(0)}}{d\alpha^2} = 19,645.72;$$

$$b_{\frac{3}{2}}^{(1)} = 2,739.10, \quad \alpha\,\frac{d\,b_{\frac{3}{2}}^{(1)}}{d\alpha} = 6,453.31, \quad \alpha^2\,\frac{d^2 b_{\frac{3}{2}}^{(1)}}{d\alpha^2} = 18,929.69;$$

$$b_{\frac{3}{2}}^{(2)} = 1,693.59, \quad \alpha\,\frac{d\,b_{\frac{3}{2}}^{(2)}}{d\alpha} = 5,545.43, \quad \alpha^2\,\frac{d^2 b_{\frac{3}{2}}^{(2)}}{d\alpha^2} = 18,564.20.$$

$$b_{\frac{5}{2}}^{(0)} = 10,875.71;$$

$$b_{\frac{5}{2}}^{(2)} = 7,316.68.$$

Junon et Saturne.

Log. $\alpha = \overline{1},446.9277$.

$$b_{\frac{1}{2}}^{(0)} = 2,041.0, \quad \alpha\,\frac{d\,b_{\frac{1}{2}}^{(0)}}{d\alpha} = 0,085.8, \quad \alpha^2\,\frac{d^2 b_{\frac{1}{2}}^{(0)}}{d\alpha^2} = 0,102.2,$$

$$\alpha^3\,\frac{d^3 b_{\frac{1}{2}}^{(0)}}{d\alpha^3} = 0,054.8, \quad \alpha^4\,\frac{d^4 b_{\frac{1}{2}}^{(0)}}{d\alpha^4} = 0,086.7;$$

$$b_{\frac{1}{2}}^{(1)} = 0,288.5, \quad \alpha\,\frac{d\,b_{\frac{1}{2}}^{(1)}}{d\alpha} = 0,306.7. \quad \alpha^2\,\frac{d^2 b_{\frac{1}{2}}^{(1)}}{d\alpha^2} = 0,058.4,$$

$$\alpha^3\,\frac{d^3 b_{\frac{1}{2}}^{(1)}}{d\alpha^3} = 0,079.1, \quad \alpha^4\,\frac{d^4 b_{\frac{1}{2}}^{(1)}}{d\alpha^4} = 0,072.7;$$

$$b_{\frac{1}{2}}^{(2)} = 0,060.8, \quad \alpha\,\frac{d\,b_{\frac{1}{2}}^{(2)}}{d\alpha} = 0,125.8, \quad \alpha^2\,\frac{d^2 b_{\frac{1}{2}}^{(2)}}{d\alpha^2} = 0,143.8,$$

$$\alpha^3 \frac{d^3 b^{(2)}_{\frac{1}{2}}}{d\alpha^3} = 0,060.1, \qquad \alpha^4 \frac{d^4 b^{(2)}_{\frac{1}{2}}}{d\alpha^4} = 0,093.3.$$

$$b^{(0)}_{\frac{3}{2}} = 2,400.6, \qquad \alpha \frac{d b^{(0)}_{\frac{3}{2}}}{d\alpha} = 0,909.1, \qquad \alpha^2 \frac{d^2 b^{(0)}_{\frac{3}{2}}}{d\alpha^2} = 1,390.3;$$

$$b^{(1)}_{\frac{3}{2}} = 0,978.5, \qquad \alpha \frac{d b^{(1)}_{\frac{3}{2}}}{d\alpha} = 1,291.4, \qquad \alpha^2 \frac{d^2 b^{(1)}_{\frac{3}{2}}}{d\alpha^2} = 1,093.9;$$

$$b^{(2)}_{\frac{3}{2}} = 0,338.9, \qquad \alpha \frac{d b^{(2)}_{\frac{3}{2}}}{d\alpha} = 0,779.0, \qquad \alpha^2 \frac{d^2 b^{(2)}_{\frac{3}{2}}}{d\alpha^2} = 1,232.8.$$

$$b^{(0)}_{\frac{5}{2}} = 3,262.2;$$

$$b^{(2)}_{\frac{5}{2}} = 0,931.1.$$

Junon et Uranus.

$\text{Log } \alpha = \bar{1},143.5134.$

On pourra prendre ici les nombres de la théorie de Vénus et Jupiter, page 62, sans qu'il en puisse résulter d'erreur sensible dans le calcul des perturbations.

Cérès et Mercure.

$\text{Log } \alpha = \bar{1},145.1995.$

Il est encore suffisamment exact de prendre les valeurs des coefficients de la théorie de Vénus et Jupiter, page 62.

Cérès et Vénus.

$\text{Log. } \alpha = \bar{1},416.7156.$

$$b^{(0)}_{\frac{1}{2}} = 2,035, \qquad \alpha \frac{d b^{(0)}_{\frac{1}{2}}}{d\alpha} = 0,074, \qquad \alpha^2 \frac{d^2 b^{(0)}_{\frac{1}{2}}}{d\alpha^2} = 0,086,$$

$$\alpha^3 \frac{d^3 b^{(0)}_{\frac{1}{2}}}{d\alpha^3} = 0,040, \qquad \alpha^4 \frac{d^4 b^{(0)}_{\frac{1}{2}}}{d\alpha^4} = 0,060;$$

$$b^{(1)}_{\frac{1}{2}} = 0,268, \qquad \alpha \frac{d b^{(1)}_{\frac{1}{2}}}{d\alpha} = 0,282, \qquad \alpha^2 \frac{d^2 b^{(1)}_{\frac{1}{2}}}{d\alpha^2} = 0,046,$$

$$\alpha^3 \frac{d^3 b^{(2)}_{\frac{1}{2}}}{d\alpha^3} = 0,061, \qquad \alpha^4 \frac{d^4 b^{(1)}_{\frac{1}{2}}}{d\alpha^4} = 0,049;$$

$$b_{\frac{1}{2}}^{(1)} = 0,053, \qquad \alpha\,\frac{d\,b_{\frac{1}{2}}^{(2)}}{d\alpha} = 0,108, \qquad \alpha^2\,\frac{d^2 b_{\frac{1}{2}}^{(2)}}{d\alpha^2} = 0,122,$$

$$\alpha^3\,\frac{d^3 b_{\frac{1}{2}}^{(2)}}{d\alpha^3} = 0,044, \qquad \alpha^4\,\frac{d^4 b_{\frac{1}{2}}^{(2)}}{d\alpha^4} = 0,065;$$

$$b_{\frac{3}{2}}^{(0)} = 2,343, \qquad \alpha\,\frac{d\,b_{\frac{3}{2}}^{(0)}}{d\alpha} = 0,764, \qquad \alpha^2\,\frac{d^2 b_{\frac{3}{2}}^{(0)}}{d\alpha^2} = 1,113;$$

$$b_{\frac{3}{2}}^{(1)} = 0,894, \qquad \alpha\,\frac{d\,b_{\frac{3}{2}}^{(1)}}{d\alpha} = 1,140, \qquad \alpha^2\,\frac{d^2 b_{\frac{3}{2}}^{(1)}}{d\alpha^2} = 0,843;$$

$$b_{\frac{3}{2}}^{(2)} = 0,289, \qquad \alpha\,\frac{d\,b_{\frac{3}{2}}^{(2)}}{d\alpha} = 0,653, \qquad \alpha^2\,\frac{d^2 b_{\frac{3}{2}}^{(2)}}{d\alpha^2} = 0,981.$$

$$b_{\frac{5}{2}}^{(0)} = 3,061;$$

$$b_{\frac{5}{2}}^{(2)} = 0,777.$$

Cérès et la Terre.

Log. $\alpha = \overline{1},557.3778$.

$$b_{\frac{1}{2}}^{(0)} = 2,070, \qquad \alpha\,\frac{d\,b_{\frac{1}{2}}^{(0)}}{d\alpha} = 0,152, \qquad \alpha^2\,\frac{d^2 b_{\frac{1}{2}}^{(0)}}{d\alpha^2} = 0,203,$$

$$\alpha^3\,\frac{d^3 b_{\frac{1}{2}}^{(0)}}{d\alpha^3} = 0,185, \qquad \alpha^4\,\frac{d^4 b_{\frac{1}{2}}^{(0)}}{d\alpha^4} = 0,373;$$

$$b_{\frac{1}{2}}^{(1)} = 0,380, \qquad \alpha\,\frac{d\,b_{\frac{1}{2}}^{(1)}}{d\alpha} = 0,422, \qquad \alpha^2\,\frac{d^2 b_{\frac{1}{2}}^{(1)}}{d\alpha^2} = 0,141,$$

$$\alpha^3\,\frac{d^3 b_{\frac{1}{2}}^{(1)}}{d\alpha^3} = 0,229, \qquad \alpha^4\,\frac{d^4 b_{\frac{1}{2}}^{(1)}}{d\alpha^4} = 0,345;$$

$$b_{\frac{1}{2}}^{(2)} = 0,104, \qquad \alpha\,\frac{d\,b_{\frac{1}{2}}^{(2)}}{d\alpha} = 0,220, \qquad \alpha^2\,\frac{d^2 b_{\frac{1}{2}}^{(2)}}{d\alpha^2} = 0,276,$$

$$\alpha^3\,\frac{d^3 b_{\frac{1}{2}}^{(2)}}{d\alpha^3} = 0,201, \qquad \alpha^4\,\frac{d^4 b_{\frac{1}{2}}^{(2)}}{d\alpha^4} = 0,396.$$

$$b_{\frac{3}{2}}^{(0)} = 2,731, \qquad \alpha\,\frac{d\,b_{\frac{3}{2}}^{(0)}}{d\alpha} = 1,811, \qquad \alpha^2\,\frac{d^2 b_{\frac{3}{2}}^{(0)}}{d\alpha^2} = 3,496;$$

$$b_{\frac{3}{2}}^{(1)} = 1,408, \qquad \alpha\,\frac{d\,b_{\frac{3}{2}}^{(1)}}{d\alpha} = 2,202, \qquad \alpha^2\,\frac{d^2 b_{\frac{3}{2}}^{(1)}}{d\alpha^2} = 3,081;$$

$$b_{\frac{3}{2}}^{(2)} = 0,624, \qquad \alpha\,\frac{d\,b_{\frac{3}{2}}^{(2)}}{d\alpha} = 1,578, \qquad \alpha^2\,\frac{d^2 b_{\frac{3}{2}}^{(2)}}{d\alpha^2} = 3,178;$$

$$b_{\frac{5}{2}}^{(0)} = 4,527;$$

$$b_{\frac{5}{2}}^{(2)} = 1,928.$$

Cérès et Mars.

Log. $\alpha = \overline{1},740.2748.$

$$b_{\frac{1}{2}}^{(0)} = 2,184, \qquad \alpha\,\frac{d\,b_{\frac{1}{2}}^{(0)}}{d\alpha} = 0,452, \qquad \alpha^2\,\frac{d^2 b_{\frac{1}{2}}^{(0)}}{d\alpha^2} = 0,886,$$

$$\alpha^3\,\frac{d^3 b_{\frac{1}{2}}^{(0)}}{d\alpha^3} = 2,082, \qquad \alpha^4\,\frac{d^4 b_{\frac{1}{2}}^{(0)}}{d\alpha^4} = 8,036;$$

$$b_{\frac{1}{2}}^{(1)} = 0,627, \qquad \alpha\,\frac{d\,b_{\frac{1}{2}}^{(1)}}{d\alpha} = 0,822, \qquad \alpha^2\,\frac{d^2 b_{\frac{1}{2}}^{(1)}}{d\alpha^2} = 0,790,$$

$$x^3\,\frac{d^3 b_{\frac{1}{2}}^{(1)}}{d\alpha^3} = 2,206, \qquad \alpha^4\,\frac{d^4 b_{\frac{1}{2}}^{(1)}}{d\alpha^4} = 7,995;$$

$$b_{\frac{1}{2}}^{(2)} = 0,263, \qquad \alpha\,\frac{d\,b_{\frac{1}{2}}^{(2)}}{d\alpha} = 0,617, \qquad \alpha^2\,\frac{d^2 b_{\frac{1}{2}}^{(2)}}{d\alpha^2} = 1,083,$$

$$\alpha^3\,\frac{d^3 b_{\frac{1}{2}}^{(2)}}{d\alpha^3} = 2,201, \qquad \alpha^4\,\frac{d^4 b_{\frac{1}{2}}^{(2)}}{d\alpha^4} = 8,310.$$

$$b_{\frac{3}{2}}^{(0)} = 4,427, \qquad \alpha\,\frac{d\,b_{\frac{3}{2}}^{(0)}}{d\alpha} = 8,323, \qquad \alpha^2\,\frac{d^2 b_{\frac{3}{2}}^{(0)}}{d\alpha^2} = 30,589;$$

$$b_{\frac{3}{2}}^{(1)} = 3,256, \qquad \alpha\,\frac{d\,b_{\frac{3}{2}}^{(1)}}{d\alpha} = 8,623, \qquad \alpha^2\,\frac{d^2 b_{\frac{3}{2}}^{(1)}}{d\alpha^2} = 29,760;$$

$$b_{\frac{3}{2}}^{(2)} = 2,144, \qquad \alpha\,\frac{d\,b_{\frac{3}{2}}^{(2)}}{d\alpha} = 7,615, \qquad \alpha^2\,\frac{d^2 b_{\frac{3}{2}}^{(2)}}{d\alpha^2} = 29,132.$$

$$b_{\frac{5}{2}}^{(0)} = 14,299;$$

$$b_{\frac{5}{2}}^{(2)} = 10,351.$$

Cérès et Jupiter.

Log. $\alpha = \overline{1},726.3852.$

$$b_{\frac{1}{2}}^{(0)} = 2,170.16, \quad \alpha\,\frac{d\,b_{\frac{1}{2}}^{(0)}}{d\alpha} = 0,411.75, \quad \alpha^2\,\frac{d^2 b_{\frac{1}{2}}^{(0)}}{d\alpha^2} = 0,773.59,$$

$$\alpha^3\,\frac{d^3 b_{\frac{1}{2}}^{(0)}}{d\alpha^3} = 1,678.53, \quad \alpha^4\,\frac{d^4 b_{\frac{1}{2}}^{(0)}}{d\alpha^4} = 6,076.11;$$

$$b_{\frac{1}{2}}^{(1)} = 0,601.95, \quad \alpha\,\frac{d\,b_{\frac{1}{2}}^{(1)}}{d\alpha} = 0,773.12, \quad \alpha^2\,\frac{d^2 b_{\frac{1}{2}}^{(1)}}{d\alpha^2} = 0,679.41,$$

$$\alpha^3\,\frac{d^3 b_{\frac{1}{2}}^{(1)}}{d\alpha^3} = 1,792.87, \quad \alpha^4\,\frac{d^4 b_{\frac{1}{2}}^{(1)}}{d\alpha^4} = 6,030.20;$$

$$b_{\frac{1}{2}}^{(2)} = 0,243.84, \quad \alpha\,\frac{d\,b_{\frac{1}{2}}^{(2)}}{d\alpha} = 0,565.24, \quad \alpha^2\,\frac{d^2 b_{\frac{1}{2}}^{(2)}}{d\alpha^2} = 0,954.31,$$

$$\alpha^3\,\frac{d^3 b_{\frac{1}{2}}^{(2)}}{d\alpha^3} = 1,779.16, \quad \alpha^4\,\frac{d^4 b_{\frac{1}{2}}^{(2)}}{d\alpha^4} = 6,296.63,$$

$$b_{\frac{3}{2}}^{(0)} = 4,179.0, \quad \alpha\,\frac{d\,b_{\frac{3}{2}}^{(0)}}{d\alpha} = 7,193.5, \quad \alpha^2\,\frac{d^2 b_{\frac{3}{2}}^{(0)}}{d\alpha^2} = 24,788.2,$$

$$b_{\frac{3}{2}}^{(1)} = 2,998.8, \quad \alpha\,\frac{d\,b_{\frac{3}{2}}^{(1)}}{d\alpha} = 7,509.3, \quad \alpha^2\,\frac{d^2 b_{\frac{3}{2}}^{(1)}}{d\alpha^2} = 24,015.6,$$

$$b_{\frac{3}{2}}^{(2)} = 1,918.5, \quad \alpha\,\frac{d\,b_{\frac{3}{2}}^{(2)}}{d\alpha} = 6,550.7, \quad \alpha^2\,\frac{d^2 b_{\frac{3}{2}}^{(2)}}{d\alpha^2} = 23,522.3.$$

$$b_{\frac{5}{2}}^{(0)} = 12,528.2;$$

$$b_{\frac{5}{2}}^{(2)} = 8,774.4.$$

Cérès et Saturne.

Log. $\alpha = \overline{1},463.1261.$

$$b_{\frac{1}{2}}^{(0)} = 2,044.3, \quad \alpha\,\frac{d\,b_{\frac{1}{2}}^{(0)}}{d\alpha} = 0,093.2, \quad \alpha^2\,\frac{d^2 b_{\frac{1}{2}}^{(0)}}{d\alpha^2} = 0,112.4,$$

$$\alpha^3\,\frac{d^3 b_{\frac{1}{2}}^{(0)}}{d\alpha^3} = 0,065.1, \quad \alpha^4\,\frac{d^4 b_{\frac{1}{2}}^{(0)}}{d\alpha^4} = 0,106.2;$$

$$b^{(1)}_{\frac{1}{2}} = 0,300.2, \qquad \alpha\,\frac{d\,b^{(1)}_{\frac{1}{2}}}{d\alpha} = 0,320.7, \qquad \alpha^2\,\frac{d^2 b^{(1)}_{\frac{1}{2}}}{d\alpha^2} = 0,066.3,$$

$$\alpha^3\,\frac{d^3 b^{(1)}_{\frac{1}{2}}}{d\alpha^3} = 0,091.7, \qquad \alpha^4\,\frac{d^4 b^{(1)}_{\frac{1}{2}}}{d\alpha^4} = 0,090.5;$$

$$b^{(2)}_{\frac{1}{2}} = 0,065.6, \qquad \alpha\,\frac{d\,b^{(2)}_{\frac{1}{2}}}{d\alpha} = 0,136.3, \qquad \alpha^2\,\frac{d^2 b^{(2)}_{\frac{1}{2}}}{d\alpha^2} = 0,157.5,$$

$$\alpha^3\,\frac{d^3 b^{(2)}_{\frac{1}{2}}}{d\alpha^3} = 0,071.2, \qquad \alpha^4\,\frac{d^4 b^{(2)}_{\frac{1}{2}}}{d\alpha^4} = 0,114.0;$$

$$b^{(0)}_{\frac{3}{2}} = 2,436.2, \qquad \alpha\,\frac{d\,b^{(0)}_{\frac{3}{2}}}{d\alpha} = 0,999.8, \qquad \alpha^2\,\frac{d^2 b^{(0)}_{\frac{3}{2}}}{d\alpha^2} = 1,573.7;$$

$$b^{(1)}_{\frac{3}{2}} = 1,028.4, \qquad \alpha\,\frac{d\,b^{(1)}_{\frac{3}{2}}}{d\alpha} = 1,385.1, \qquad \alpha^2\,\frac{d^2 b^{(1)}_{\frac{3}{2}}}{d\alpha^2} = 1,262.2;$$

$$b^{(2)}_{\frac{3}{2}} = 0,369.4, \qquad \alpha\,\frac{d\,b^{(2)}_{\frac{3}{2}}}{d\alpha} = 0,858.6, \qquad \alpha^2\,\frac{d^2 b^{(2)}_{\frac{3}{2}}}{d\alpha^2} = 1,400.1.$$

$$b^{(0)}_{\frac{5}{2}} = 3,388.7;$$

$$b^{(2)}_{\frac{5}{2}} = 1,028.5.$$

Cérès et Uranus.

Log $\alpha = \overline{1},159\,7118.$

La petitesse de α permettra d'employer ici les nombres relatifs à la théorie de Junon et Mercure, page 86.

Pallas.

Le grand axe de Pallas différant fort peu de celui de Cérès, on pourra recourir aux nombres donnés pour cette dernière planète. Cette approximation serait il est vrai insuffisante si l'on considérait l'action de Jupiter. Mais je ne crois pas que la grande inclinaison de l'orbite de Pallas permette de faire un usage précis des tables des quantités $b^{(i)}$ relatives à cette planète; et ainsi il serait inutile de les développer séparément.

TABLE DES MATIÈRES